"十四五"职业教育国家规划教材配套教材
高等职业教育系列教材

机械制图与 AutoCAD 绘图习题集

第 2 版

宋巧莲 编著

机械工业出版社

本习题集以培养学生尺规绘图、计算机绘图和徒手绘图能力为重点，将机械制图的基本知识与 AutoCAD 绘图有机地融为一体，更好地突出高等职业教育特色，以满足高等职业教育的需要。

本习题集主要内容包括：用绘图工具和 AutoCAD 绘制平面图形，点线面投影的绘制，基本体三视图的绘制，组合体三视图的识读与绘制，图样基本表示法的应用，常用机件特殊表示法的应用，零件图和装配图的识读与绘制等。针对高等职业院校学生的实际情况，题目编排力求内容精练、难度适中。

本习题集适用于高等职业院校机械类和近机械类各专业，也可作为工程技术人员的参考书。

图书在版编目（CIP）数据

机械制图与 AutoCAD 绘图习题集/宋巧莲编著. —2 版. —北京：机械工业出版社，2024.2（2024.8 重印）
高等职业教育系列教材
ISBN 978-7-111-74120-6

Ⅰ.①机… Ⅱ.①宋… Ⅲ.①机械制图-AutoCAD 软件-高等职业教育-习题集 Ⅳ.①TH126-44

中国国家版本馆 CIP 数据核字（2023）第 201648 号

机械工业出版社（北京市百万庄大街 22 号　邮政编码 100037）
策划编辑：曹帅鹏　　　责任编辑：曹帅鹏
责任校对：闫玥红　　　责任印制：张　博
河北环京美印刷有限公司印刷
2024 年 8 月第 2 版第 2 次印刷
260mm×184mm · 13.75 印张 · 170 千字
标准书号：ISBN 978-7-111-74120-6
定价：49.00 元

电话服务　　　　　　　　　　　网络服务
客服电话：010-88361066　　　机　工　官　网：www.cmpbook.com
　　　　　010-88379833　　　机　工　官　博：weibo.com/cmp1952
　　　　　010-68326294　　　金　书　　　网：www.golden-book.com
封底无防伪标均为盗版　　　　　机工教育服务网：www.cmpedu.com

前　言

本习题集与宋巧莲主编的《机械制图与 AutoCAD 绘图　第 2 版》教材配套使用，适用于高等职业院校机械类和近机械类各专业。

为便于教学，本习题集的编排顺序与教材体系保持一致，并力求内容精练、实用，由易到难、由浅入深地培养学生的空间思维能力、形体分析能力、图形表达能力和综合构形能力。本习题集采用国家最新发布的《机械制图》《技术制图》等国家标准。

本习题集在使用时，可根据各专业的特点、教学时数和教学内容作适当的调整。

本习题集由宋巧莲编著，常州大学沈惠平教授主审。

习题集配套全部答案，需要的教师可登录机械工业出版社教育服务网 www.cmpedu.com 免费注册，审核通过后下载，或联系编辑索取（微信：13261377872，电话：010-88379739）。

由于编者水平有限，书中难免有不足之处，恳请读者提出宝贵意见与建议。

编　者

目 录

前 言

项目一 用绘图工具绘制平面图形 …………………………………………………… 1

项目二 用 AutoCAD 绘制平面图形 …………………………………………………… 7

项目三 点线面投影的绘制 …………………………………………………………… 11

项目四 基本体三视图的绘制 ………………………………………………………… 20

项目五 组合体三视图的识读与绘制 ………………………………………………… 33

项目六 图样基本表示法的应用 ……………………………………………………… 49

项目七 常用机件特殊表示法的应用 ………………………………………………… 69

项目八 零件图的识读与绘制 ………………………………………………………… 78

项目九 装配图的识读与绘制 ………………………………………………………… 92

参考文献 ……………………………………………………………………………… 107

项目一 用绘图工具绘制平面图形

1.1 线型练习

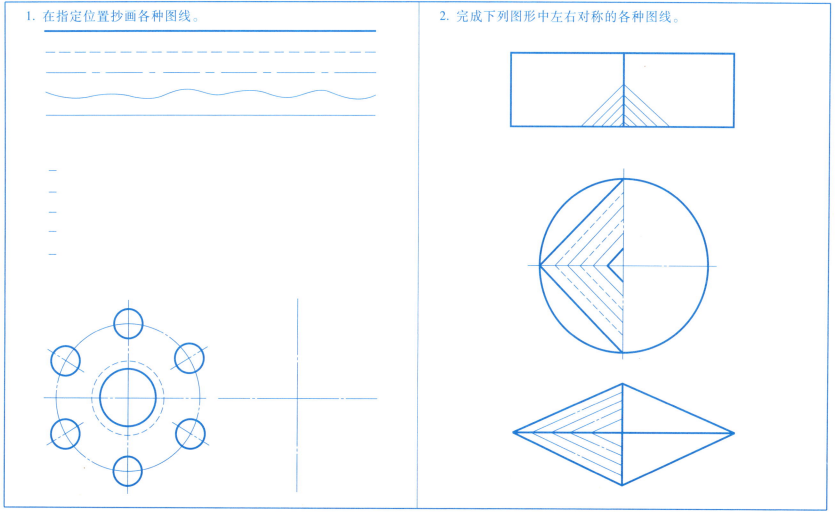

1.2 尺寸标注

1. 线性尺寸标注（数值从图中量取，取整数）。

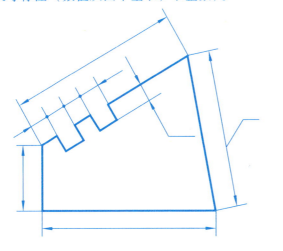

2. 角度尺寸标注（数值从图中量取，取整数）。

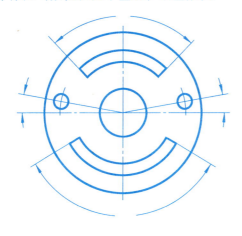

3. 找出上图中尺寸标注的错误之处，在下图中正确标注尺寸。

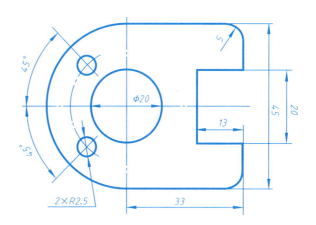

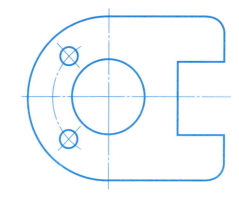

| 班级 | 姓名 | 学号 |

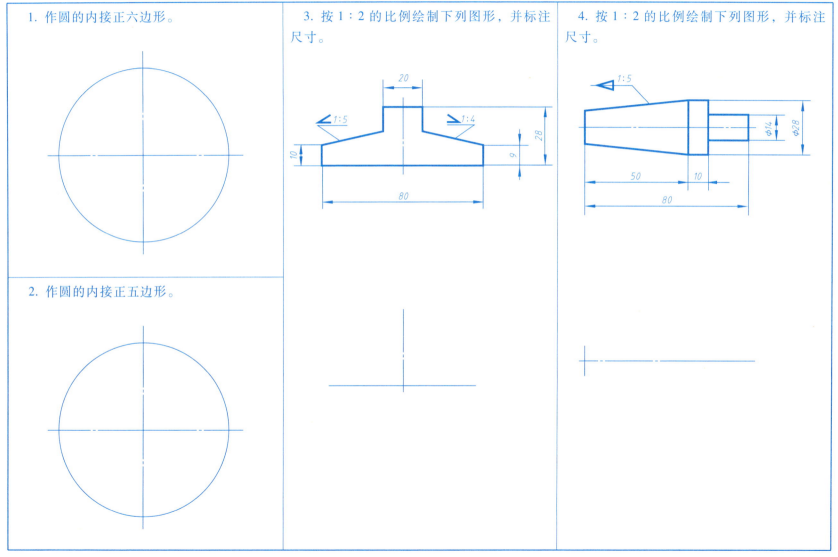

1.4 参照图例，完成圆弧连接（比例1∶1）

1.

2.

1.5 平面图形画法（一）

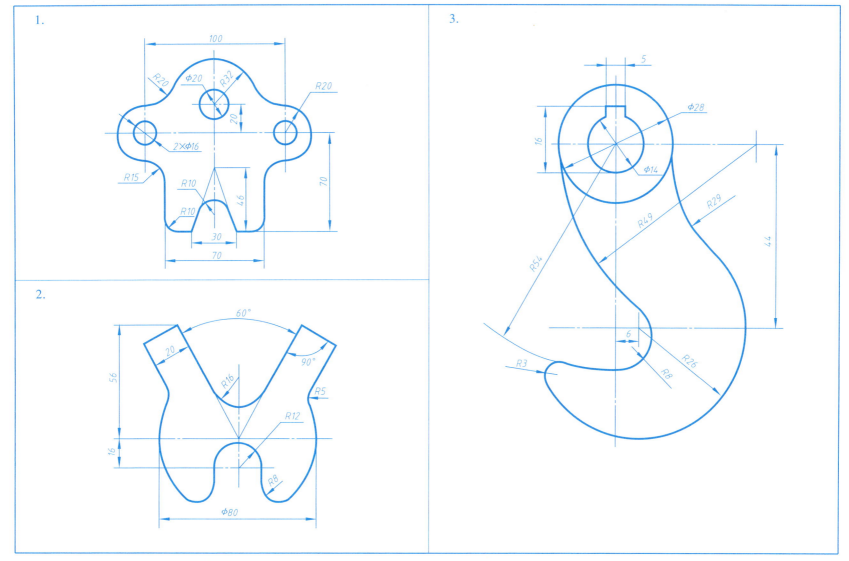

1.6 平面图形画法（二）

1.

2.

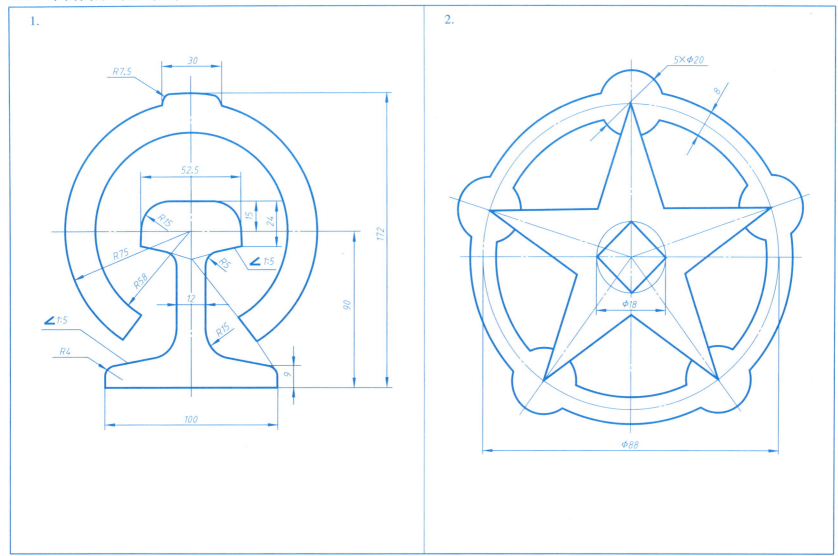

班级　　　　姓名　　　　学号

项目二　用 AutoCAD 绘制平面图形

2.1　绘制简单平面图形（一）

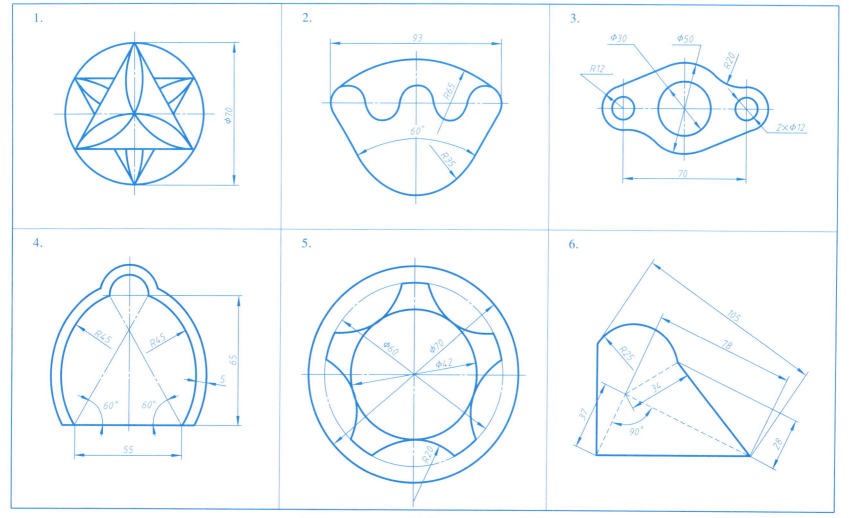

2.2 绘制简单平面图形（二）

1.

2.

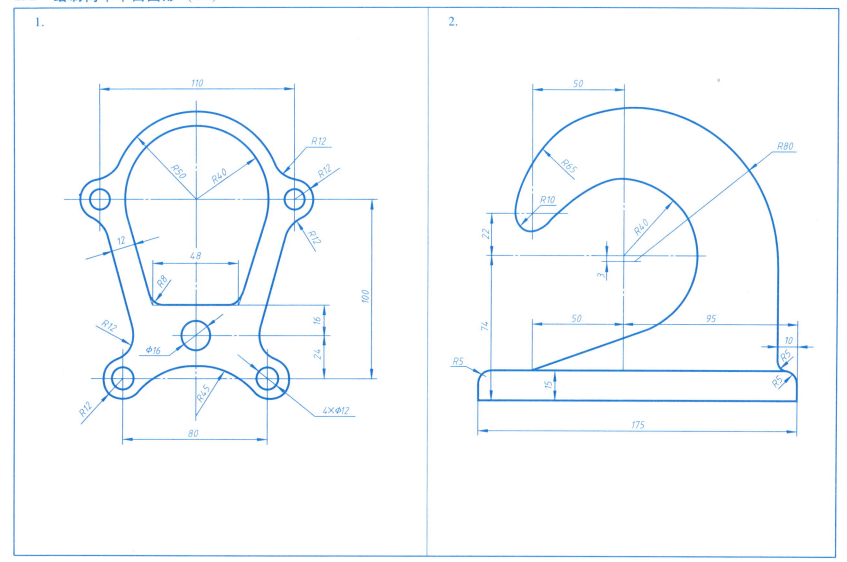

2.3 绘制复杂平面图形（一）

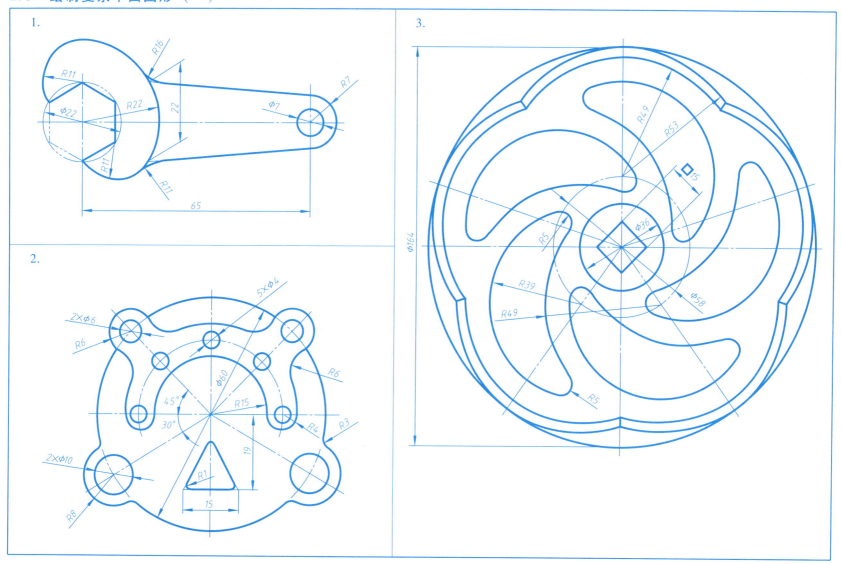

2.4 绘制复杂平面图形（二）

1.

2.

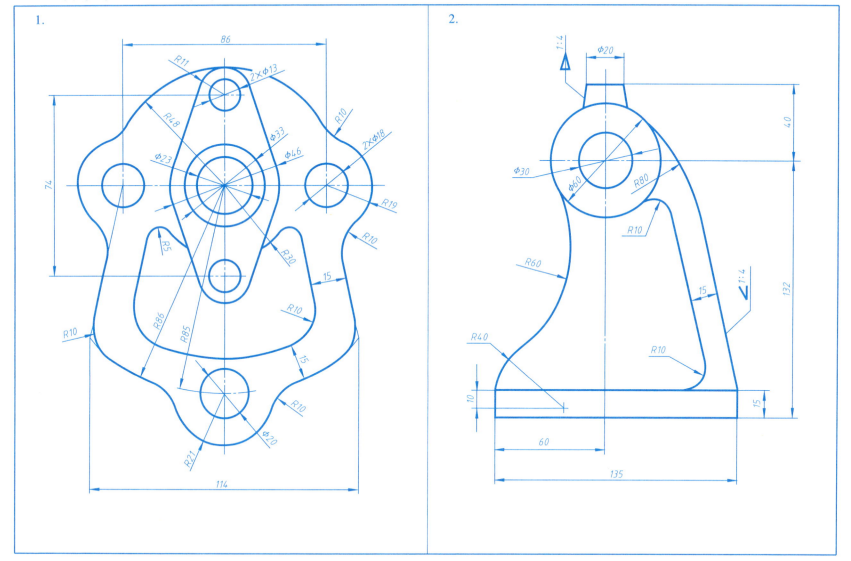

班级　　　　姓名　　　　学号

项目三 点线面投影的绘制

3.1 根据三视图找出对应的立体图

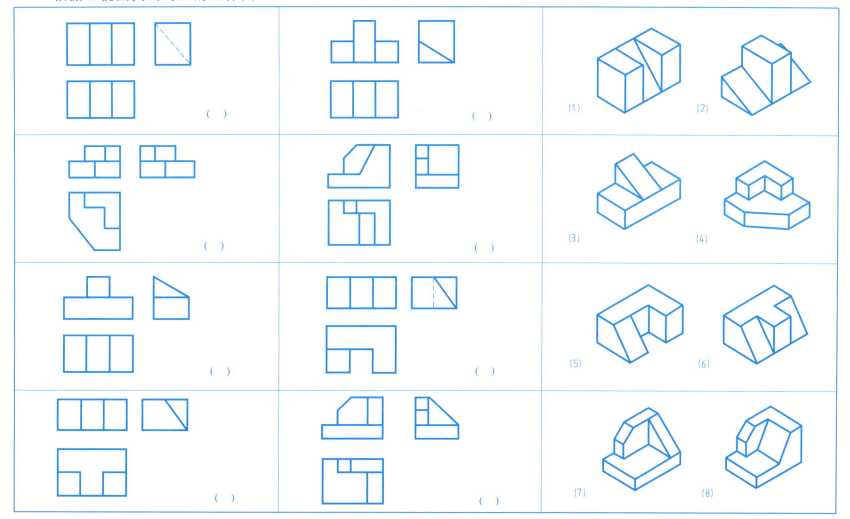

3.2 根据立体图补画所缺视图（一）

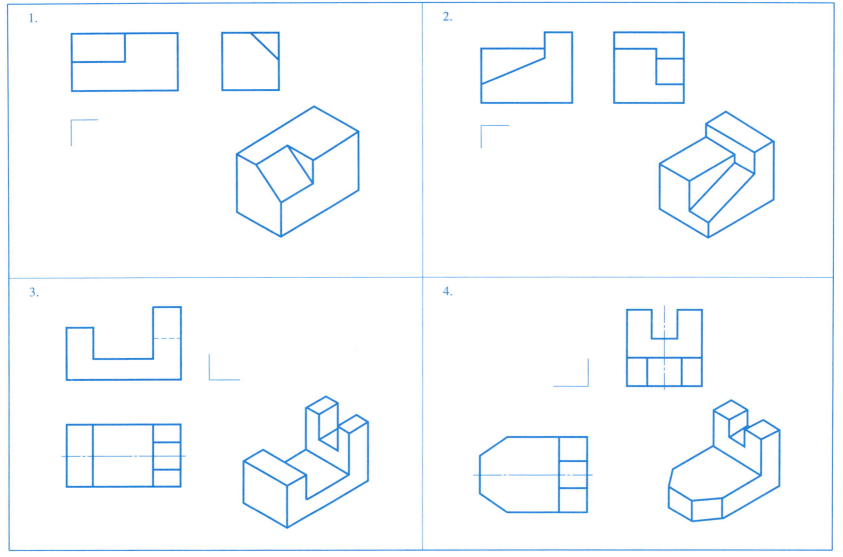

3.3 根据立体图补画所缺视图（二）

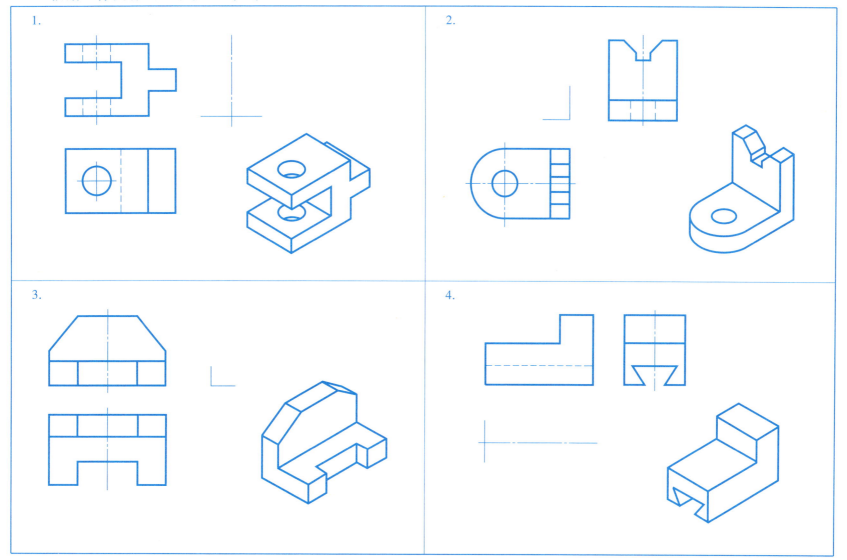

3.4 点的投影(一)

1. 已知 A、B 两点的两面投影,求作其第三面投影。

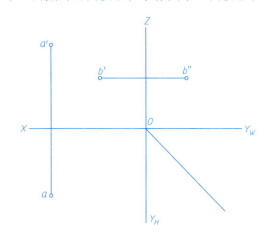

2. 已知 A 点距 H 面 10mm、距 V 面 15mm、距 W 面 10mm,求作其三面投影,并写出它的坐标。

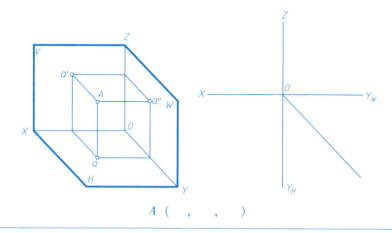

A(, ,)

3. 已知 A 点的三面投影,B 点在 A 点的右方 15mm,前方 10mm,下方 5mm,求作 B 点的三面投影。

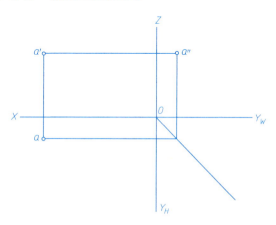

4. 已知 E、F 两点的两面投影,求作其第三面投影。

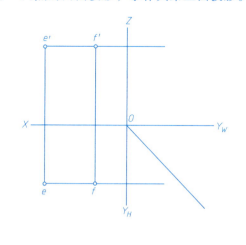

3.5 点的投影（二）

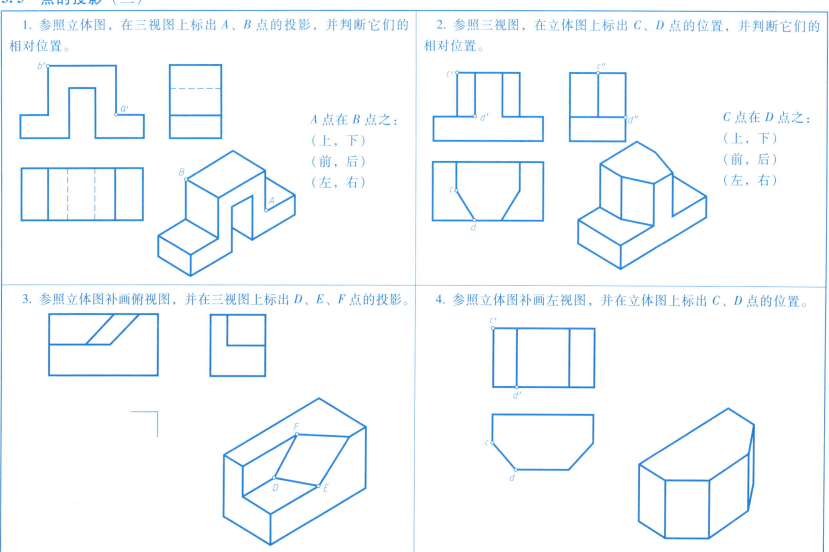

3.6 直线的投影（一）

1. 求出各直线的第三面投影，并判定直线对投影面的相对位置。

AB 是_____线　　　CD 是_____线　　　EF 是_____线　　　GH 是_____线

2. 过点 C 作侧垂线 CD = 10mm（由右向左）。

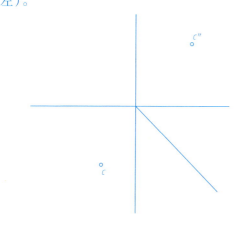

3. EF 为水平线，方向为向右向前，长度为 20mm，与 V 面的倾角 $\beta = 30°$。

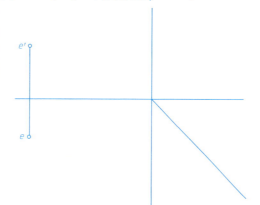

4. MN 为铅垂线，它到 V、W 面的距离相等。

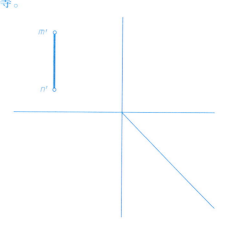

3.7 直线的投影（二）

参照立体图，补画三视图中的漏线；标出直线的三面投影，并根据它们对投影面的相对位置填空。

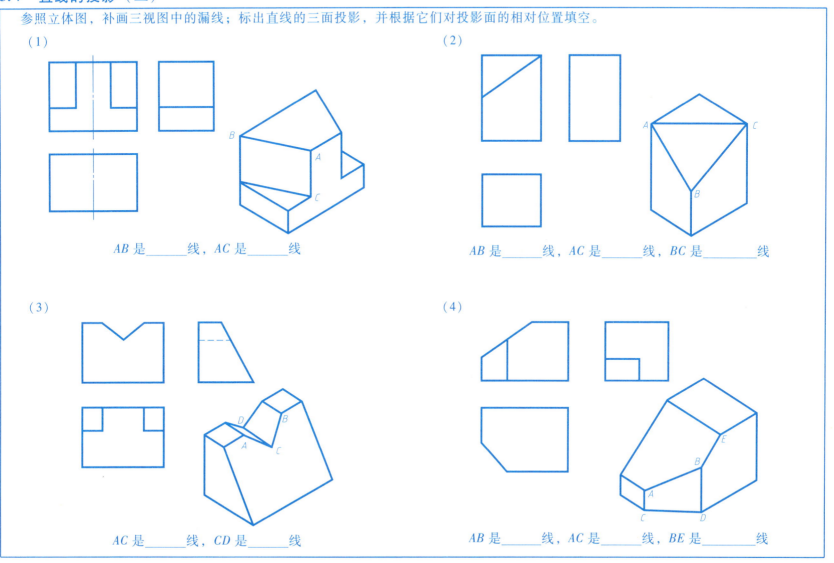

(1) AB 是_____线，AC 是_____线

(2) AB 是_____线，AC 是_____线，BC 是_____线

(3) AC 是_____线，CD 是_____线

(4) AB 是_____线，AC 是_____线，BE 是_____线

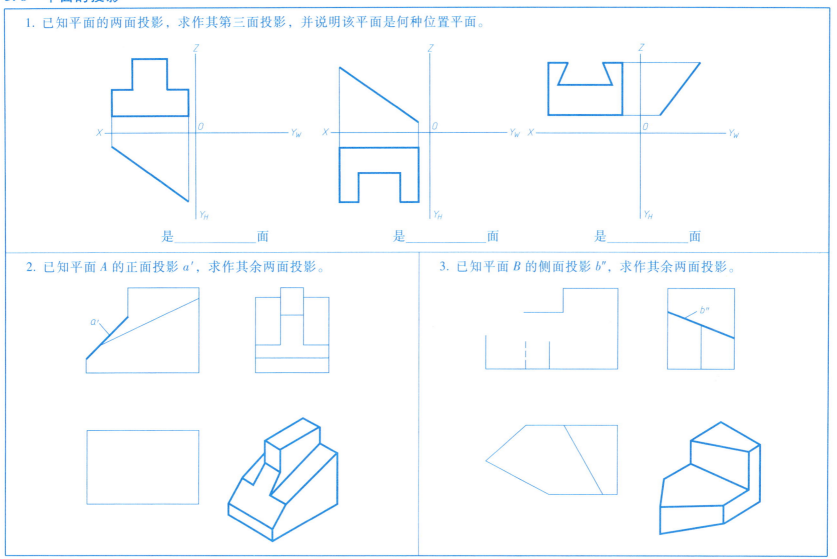

3.9 参照立体图，标出平面的三面投影，并根据它们对投影面的相对位置填空

1.

P 为_____面，Q 为_____面

2.

P 为_____面，Q 为_____面

3.

P 为_____面，Q 为_____面，R 为_____面

4.

P 为_____面，Q 为_____面

项目四 基本体三视图的绘制

4.1 根据立体图进行实体造型，注意观察形体表面的交线（尺寸从图中量取）

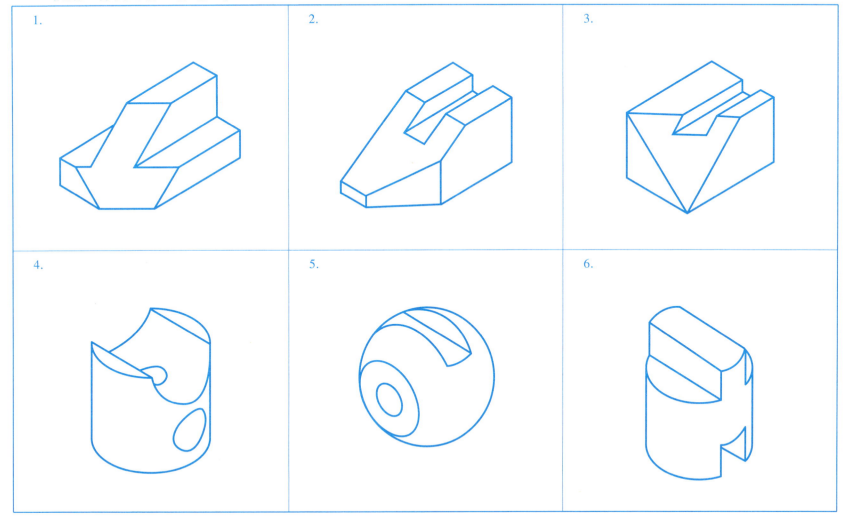

班级　　　姓名　　　学号

4.2 完成平面立体及其表面上各点的三面投影

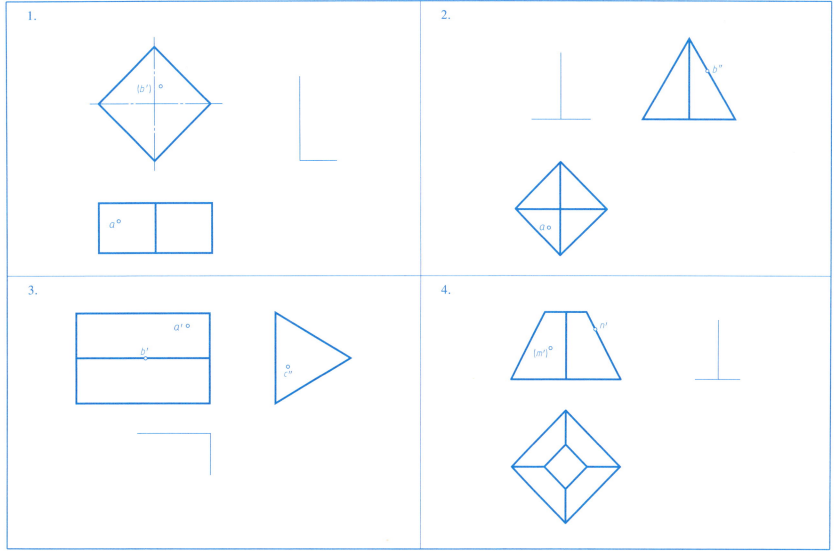

4.3 完成回转体及其表面上各点的三面投影

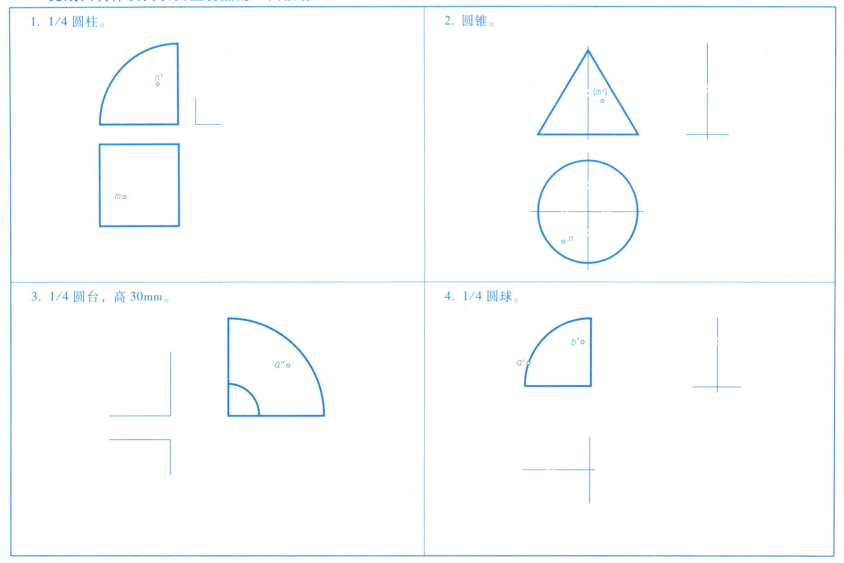

4.4 完成平面切割体的投影（一）

1.
2.
3.
4.

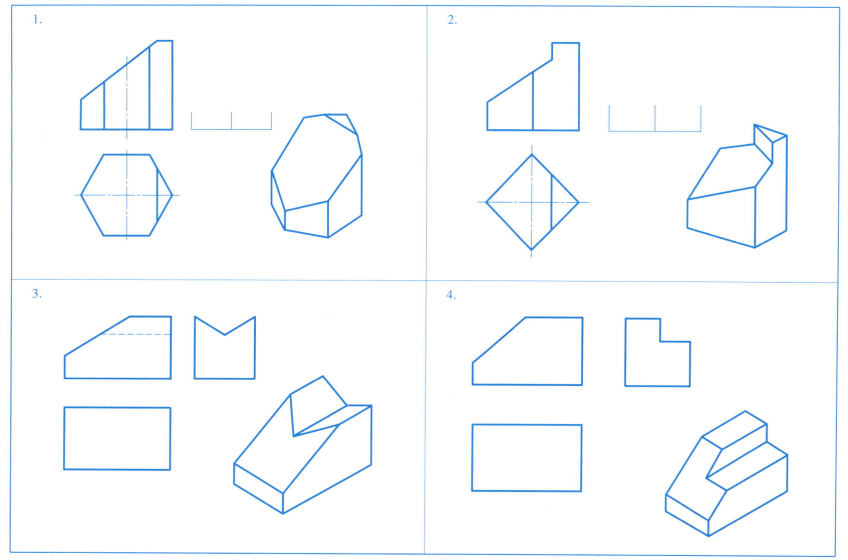

班级　　　姓名　　　学号

4.5 完成平面切割体的投影（二）

1.
2.
3.
4.

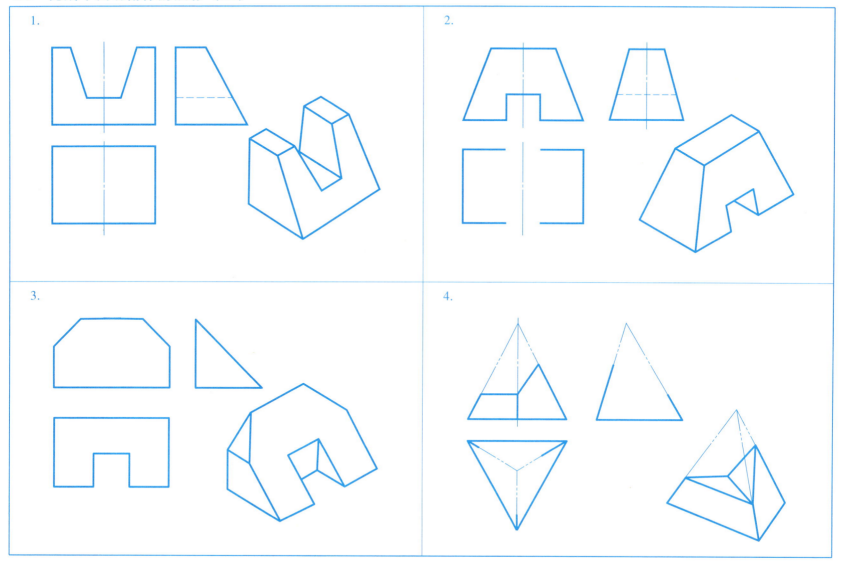

4.6 完成曲面切割体的投影（一）

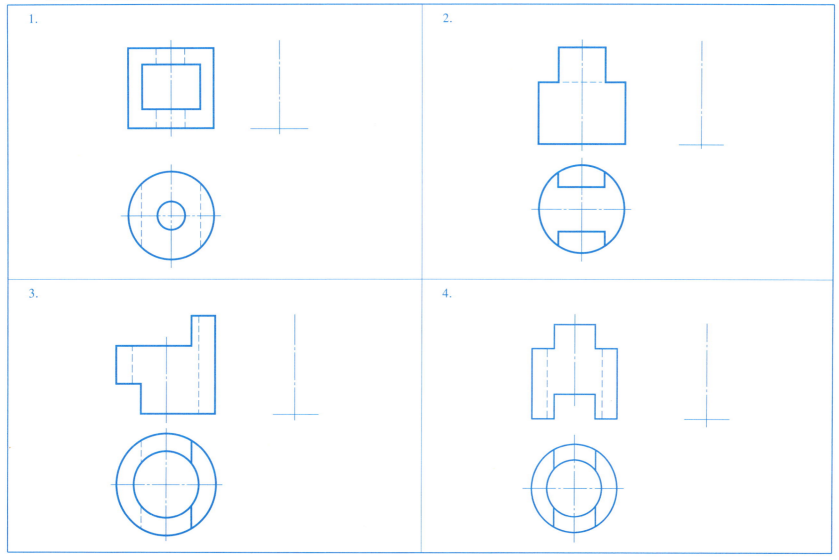

4.7 完成曲面切割体的投影（二）

1.
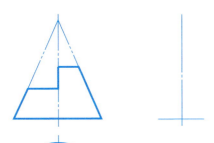

2.
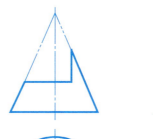

3.
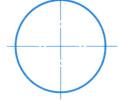

4.
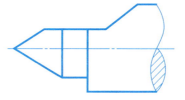 

班级　　　姓名　　　学号

4.8 完成曲面切割体的投影（三）

1.

2.

3.

4.

4.9 完成相贯线的投影（一）

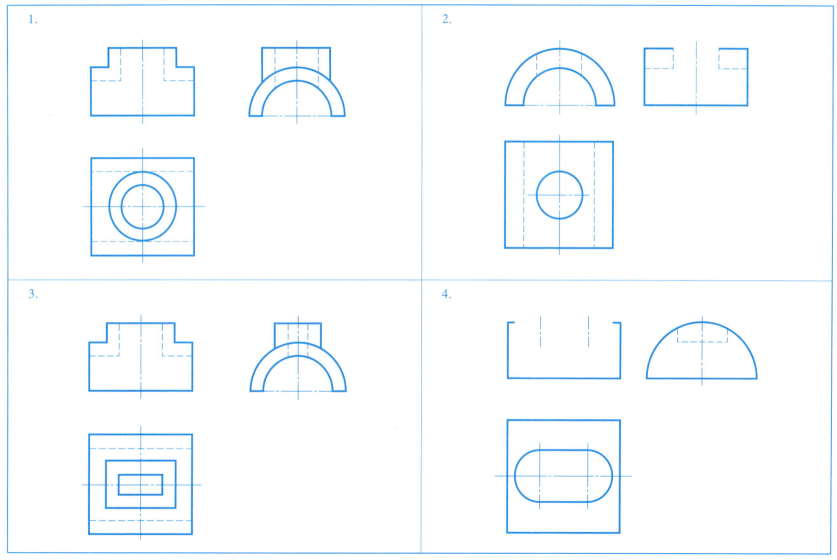

4.10 完成相贯线的投影（二）

1.

2.

3.

4.

4.11 完成相贯线的投影（三）

1.
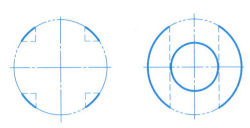

2.
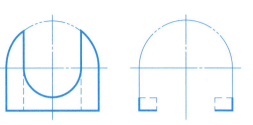

3.
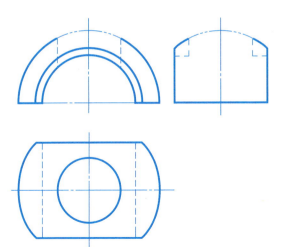

4.
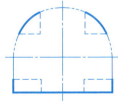

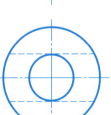

班级　　姓名　　学号

4.12 已知主、俯视图,选择正确的左视图

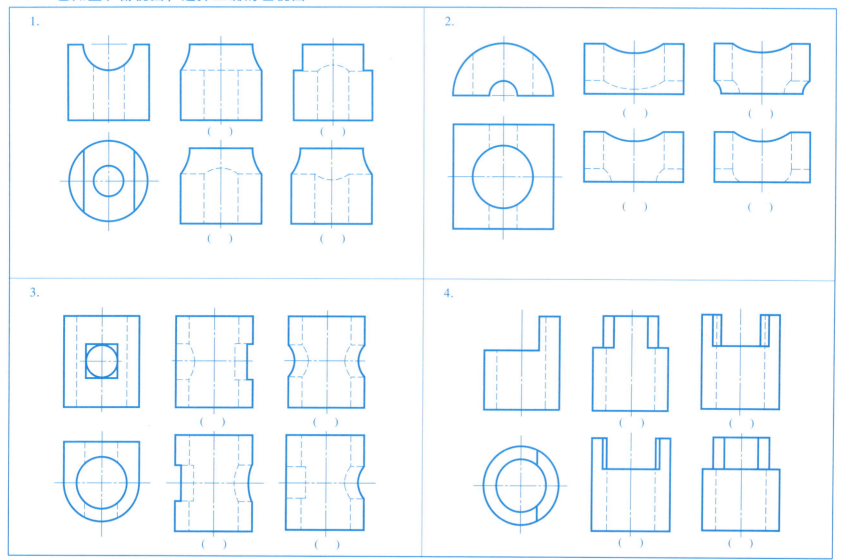

4.13 根据轴测图，徒手绘制物体的三视图

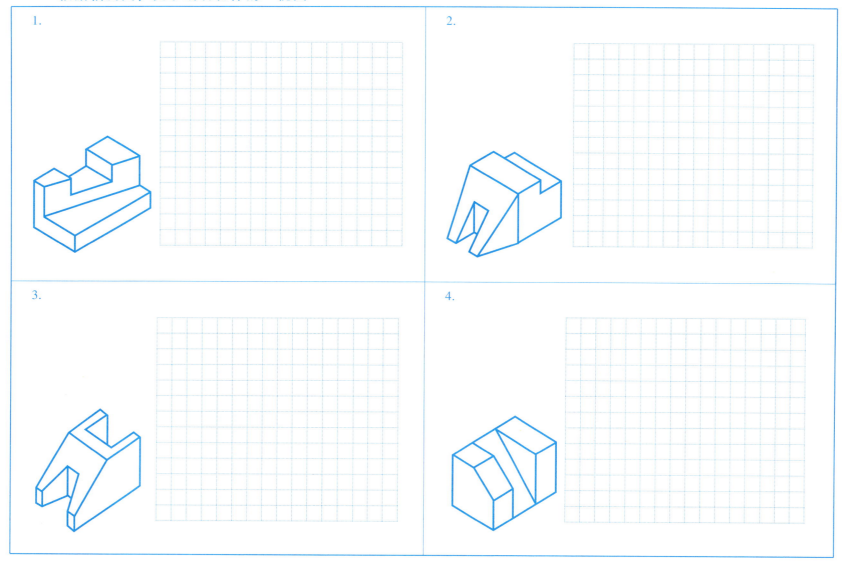

项目五　组合体三视图的识读与绘制

5.1　参照轴测图，补画视图中所缺的图线（一）

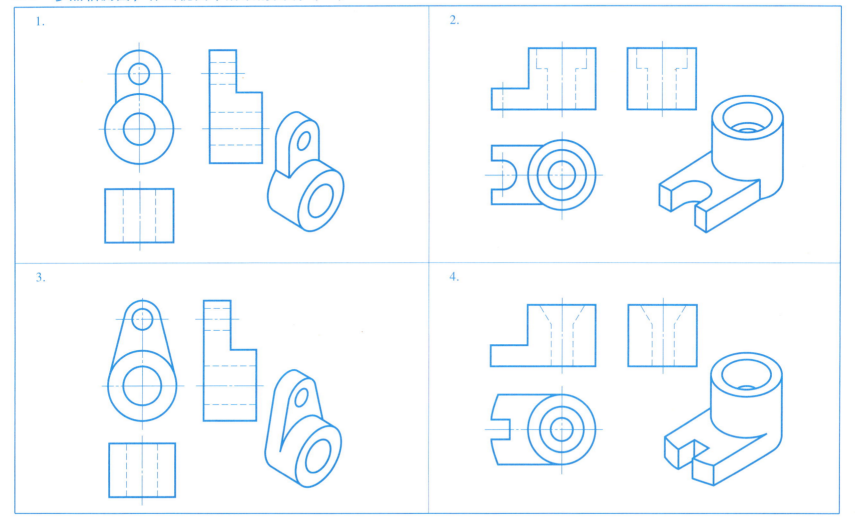

班级　　　姓名　　　学号

5.2 参照轴测图，补画视图中所缺的图线（二）

1.

2.

3.

4.

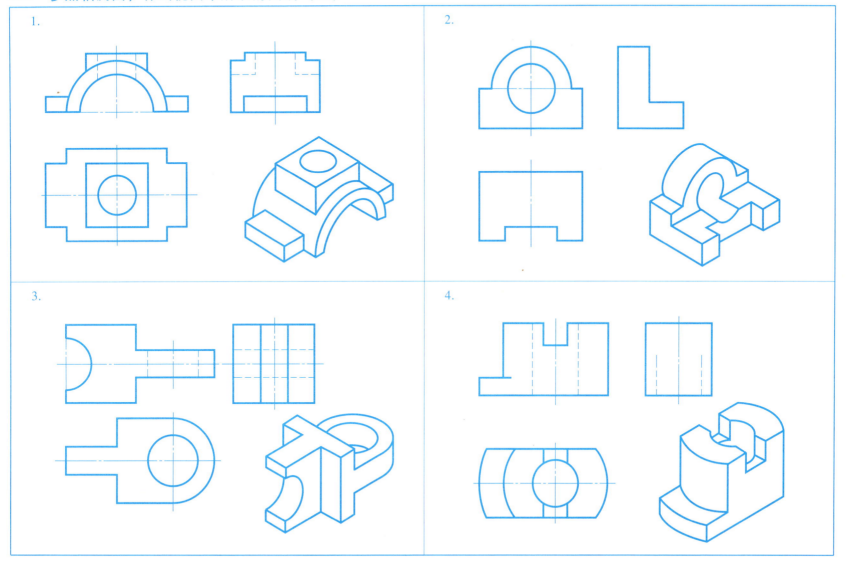

班级　　　姓名　　　学号

5.3 参照轴测图，补画视图中所缺的图线（三）

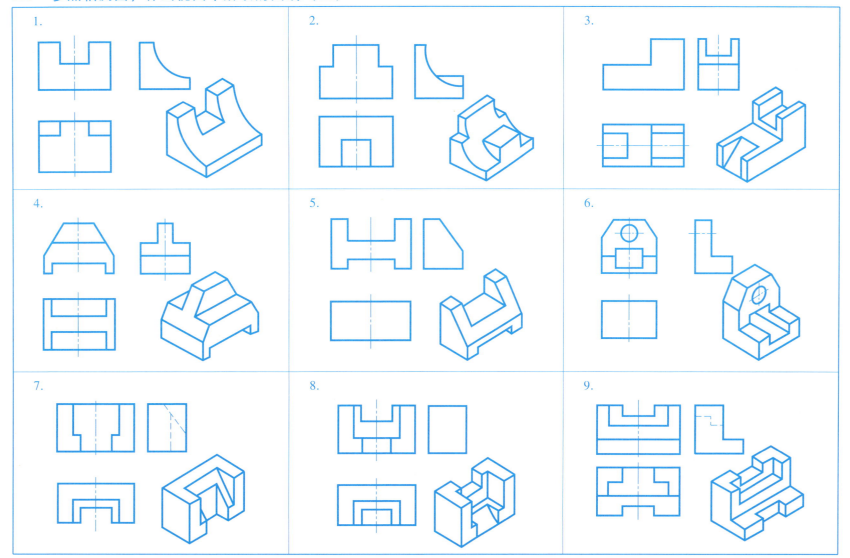

5.4 根据轴测图徒手画三视图

1.

2.

3.

4.

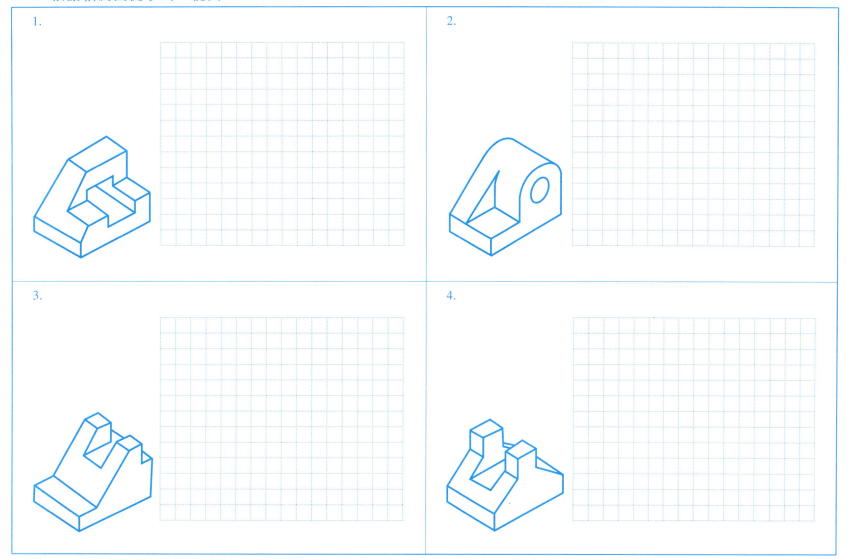

5.5 根据两个视图,补画第三视图

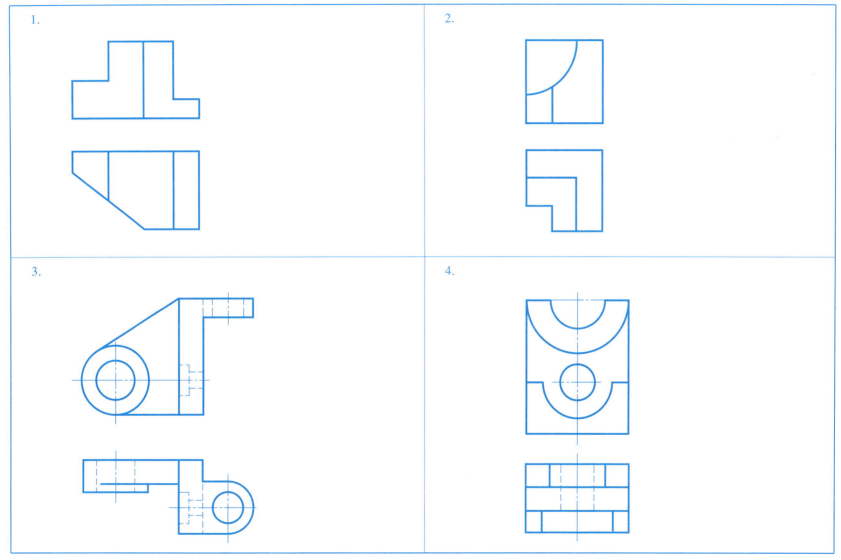

5.6 根据主视图和俯视图，选择正确的左视图（一）

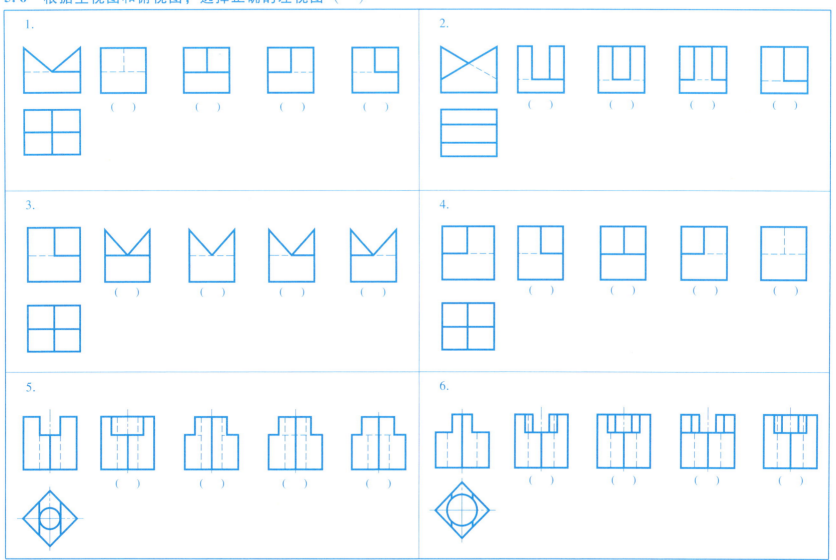

5.7 根据主视图和俯视图，选择正确的左视图（二）

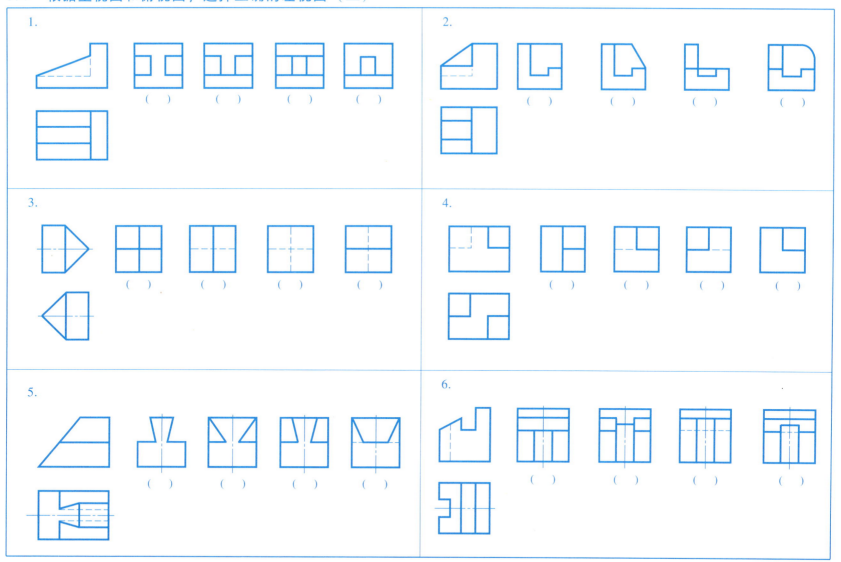

5.8 标注组合体的尺寸（尺寸从图中量取，取整数）

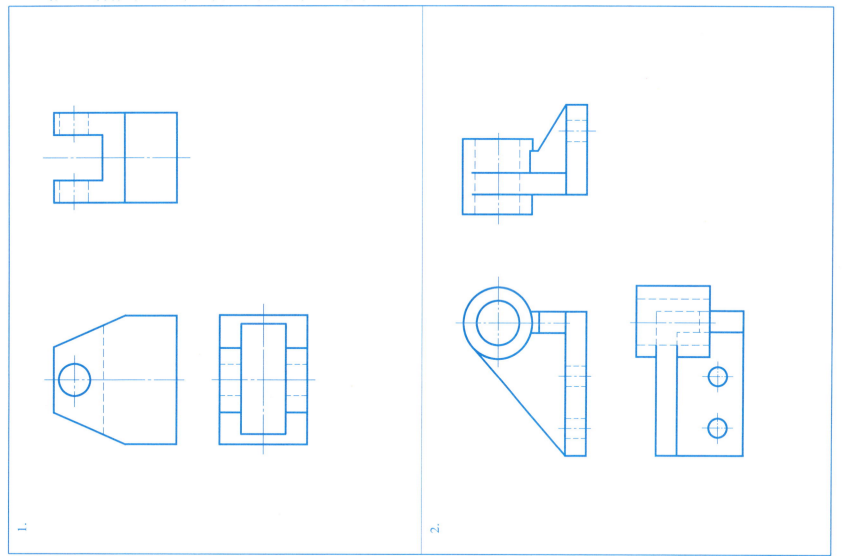

1.

2.

班级　　　姓名　　　学号

5.9 读懂组合体三视图，填空（一）

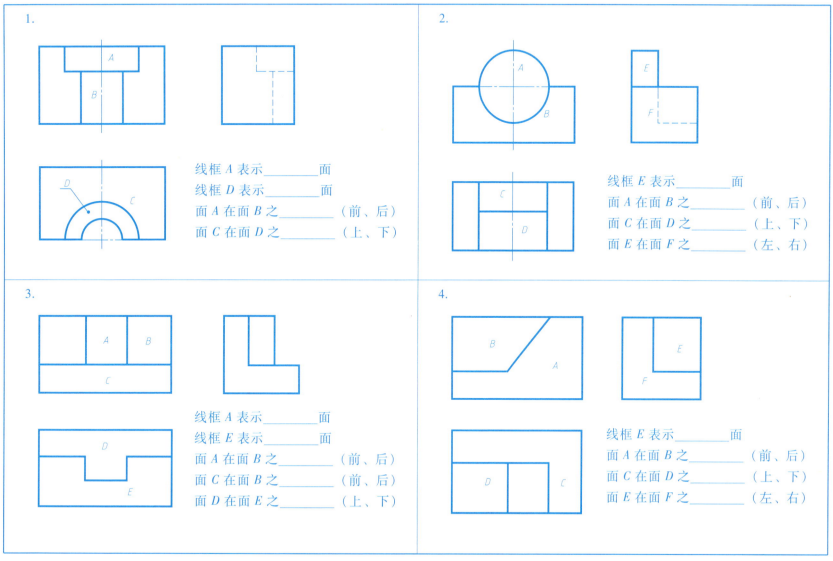

5.10 读懂组合体三视图，填空（二）

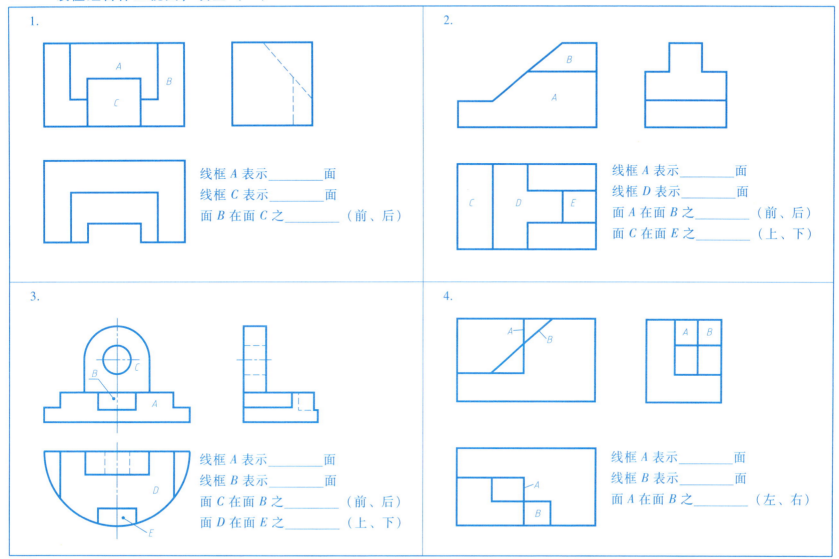

5.11 补画三视图中所缺的图线

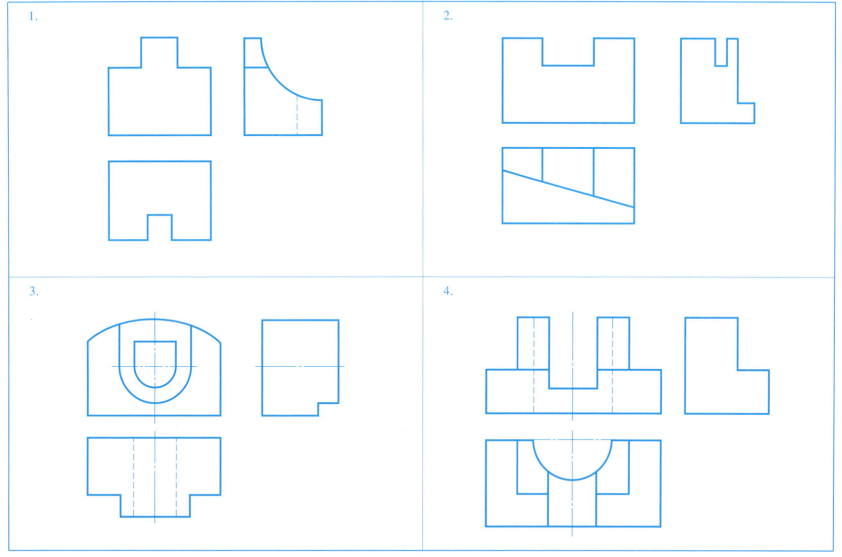

5.12 根据两个视图，补画第三视图（一）

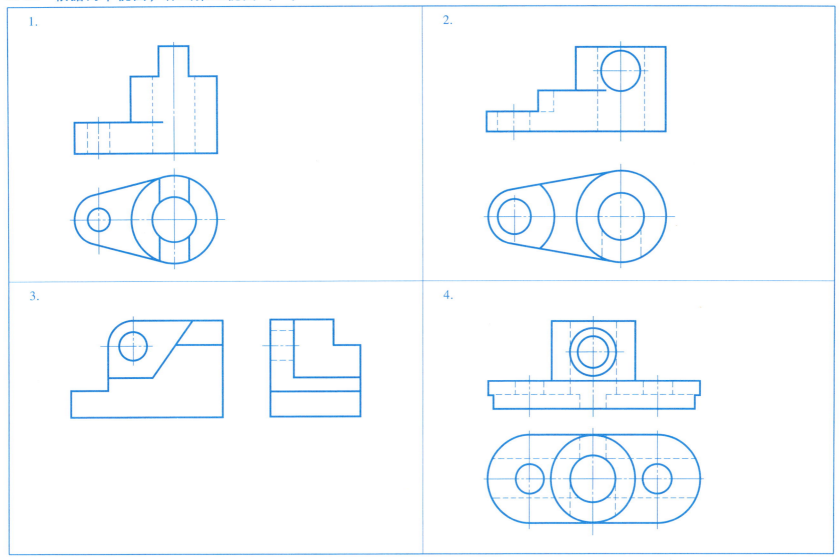

5.13 根据两个视图,补画第三视图(二)

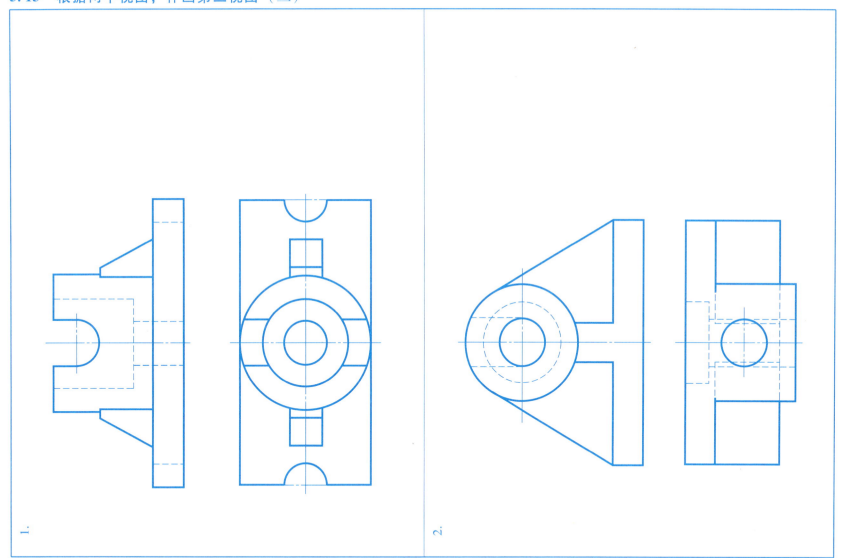

5.14 根据已知的主、俯视图，补画左视图（至少画出三个）

1.

2.

3.

4.

班级　　　姓名　　　学号

5.15 形体构思

1. 根据给定的主、俯视图,想象组合体的形状,补画左视图。

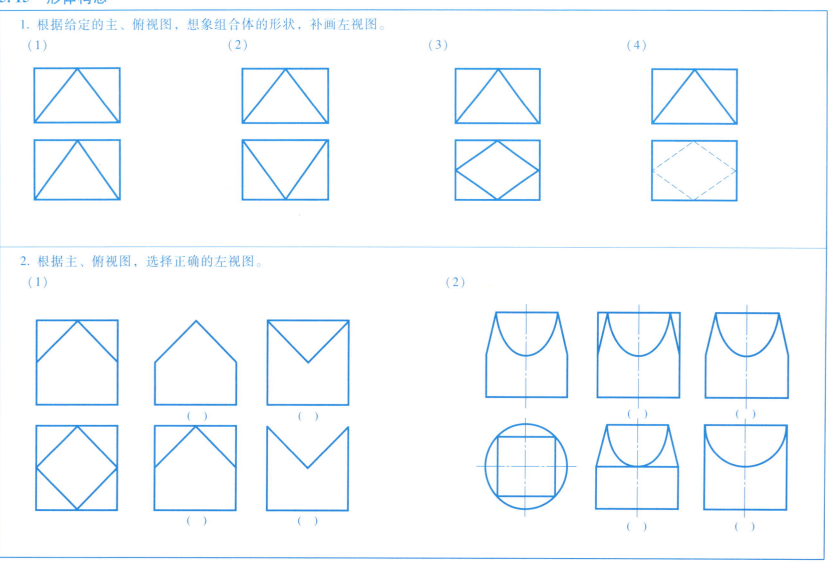

2. 根据主、俯视图,选择正确的左视图。

5.16 用 AutoCAD 绘制组合体三视图，并标注尺寸

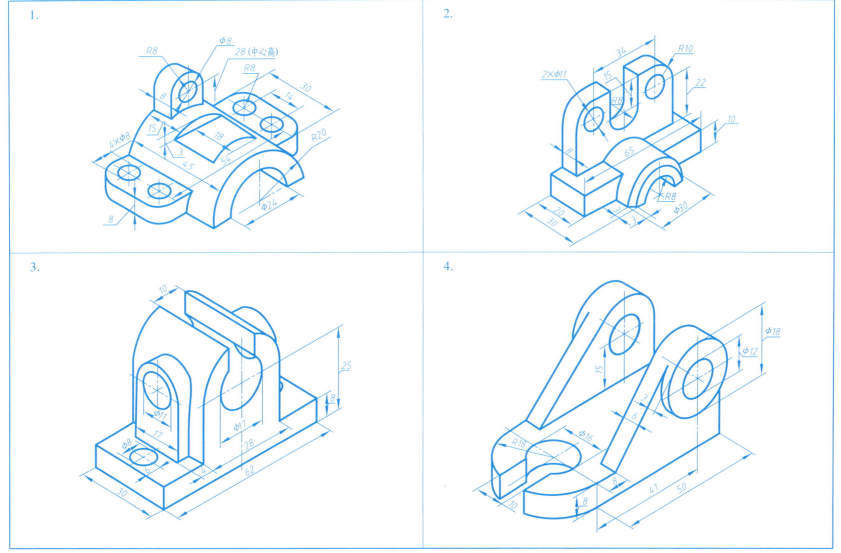

项目六 图样基本表示法的应用

6.1 视图(一)

补全机件的其余三个视图(画出所有细虚线)。

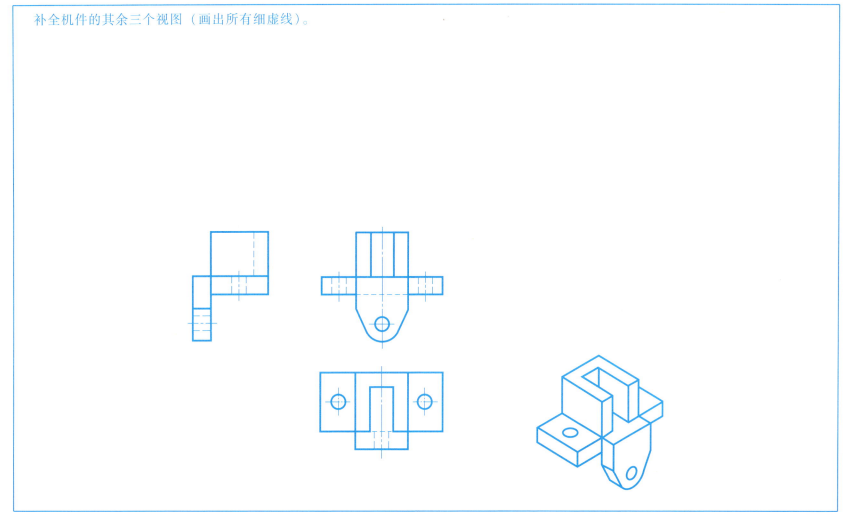

6.2 视图（二）

1. 弄清各视图的名称和投影关系，并作必要的标注。

2. 在指定位置画出斜视图和局部视图。

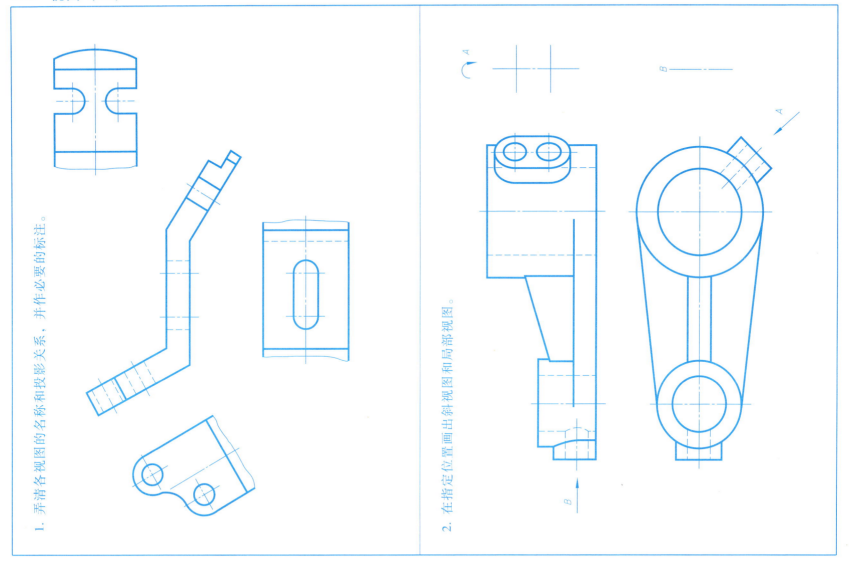

6.3 全剖视图（一）

1. 画出全剖的主视图。

2. 画出全剖的主视图。

3. 画出全剖的左视图。

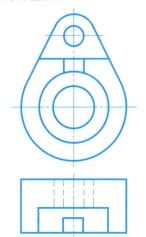

4. 画出全剖的左视图。

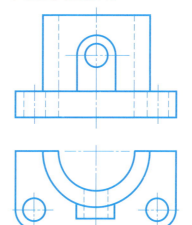

班级　　　姓名　　　学号

6.4 全剖视图（二）——补画全剖视图中所缺的图线

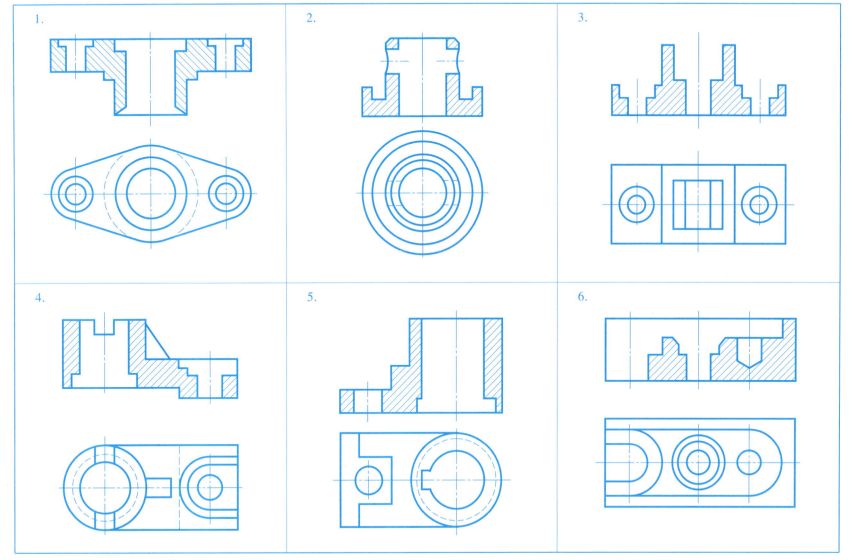

6.5 全剖视图（三）——在指定位置将主视图改画成全剖视图

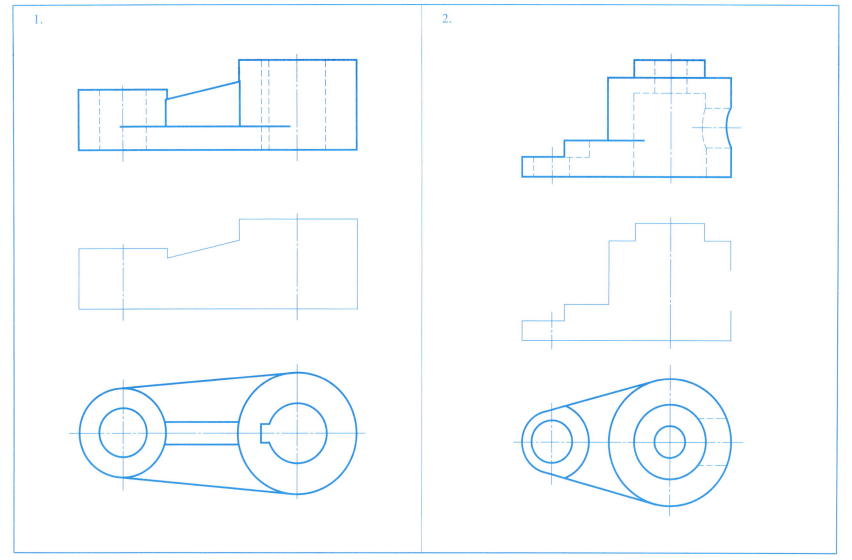

6.6 全剖视图（四）

1. 作出 A—A 全剖视图。
2. 作出 C—C 全剖视图。

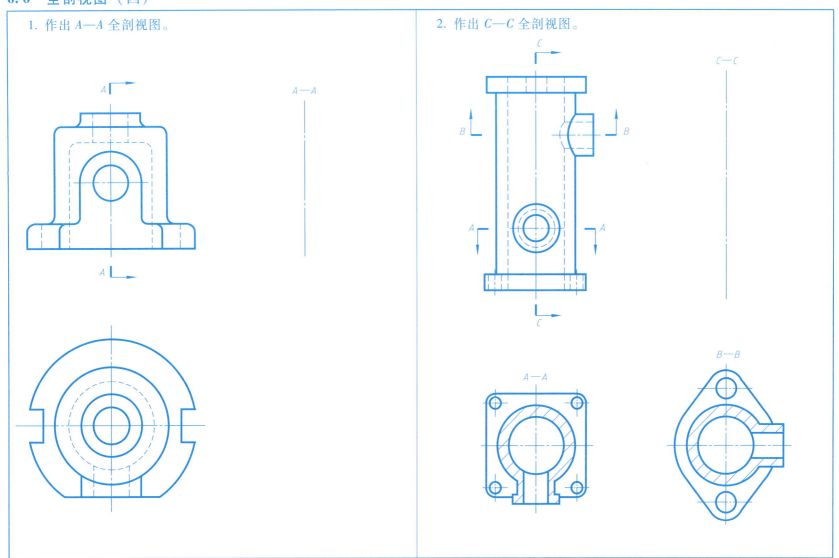

6.7 半剖视图（一）——在指定位置将主视图改画成半剖视图

1.
2.

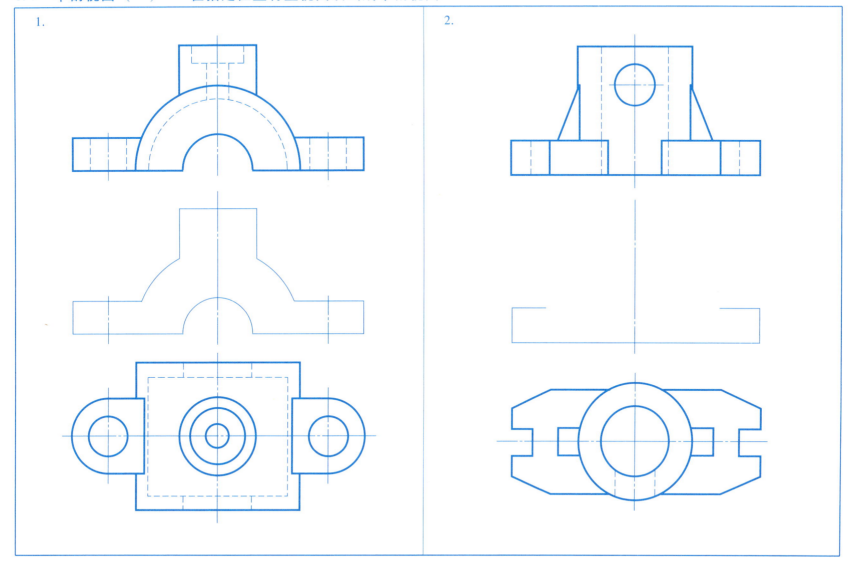

6.8 半剖视图（二）

1. 将主视图画成全剖视图，并补画半剖视的左视图。

2. 补画半剖视图中的漏线。

(1)

(2)

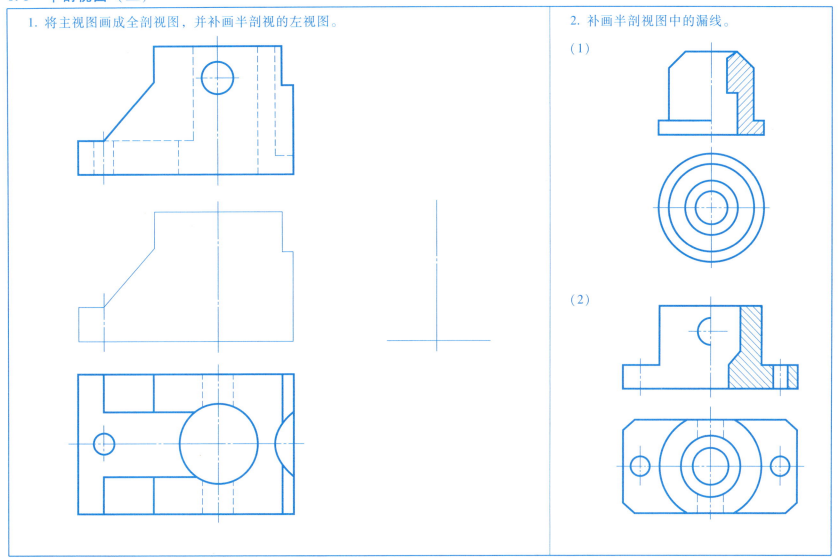

6.9 选择正确的主视图

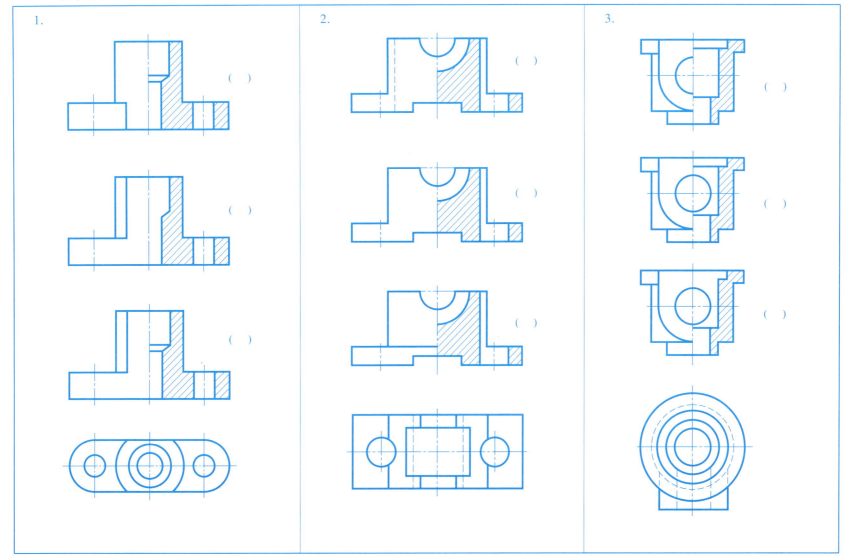

6.10 局部剖视图

1. 将主视图改画成局部剖视图。

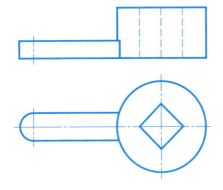

2. 将主、俯视图改画成局部剖视图。

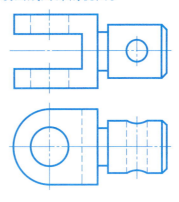

3. 将主、俯视图改画成局部剖视图。

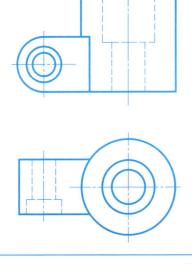

4. 将主、俯视图改画成局部剖视图。

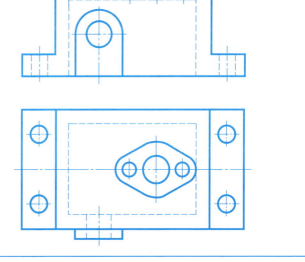

6.11 用几个平行的剖切平面剖开机件，将主视图画成全剖视图（一）

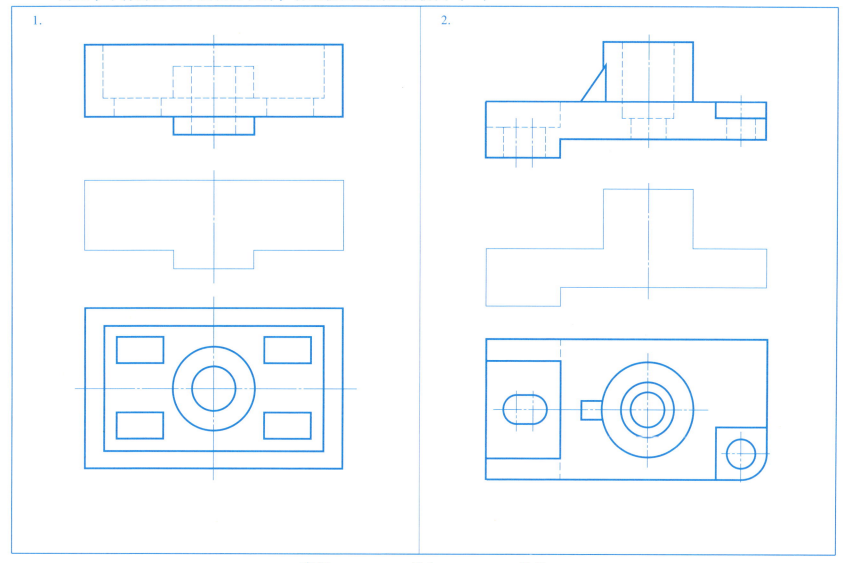

6.12 用几个平行的剖切平面剖开机件,将主视图画成全剖视图(二)

1.

2.

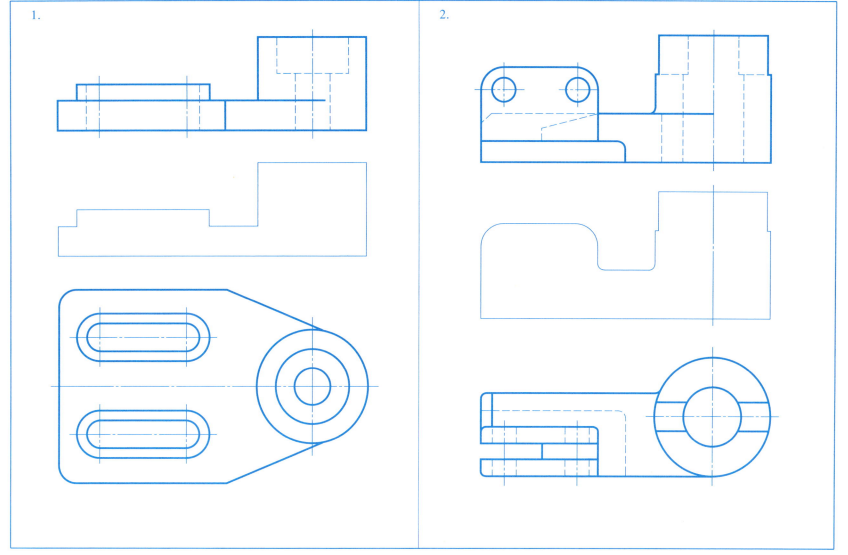

6.13 用几个相交的剖切平面剖开机件，将主视图画成全剖视图（一）

1.

2.

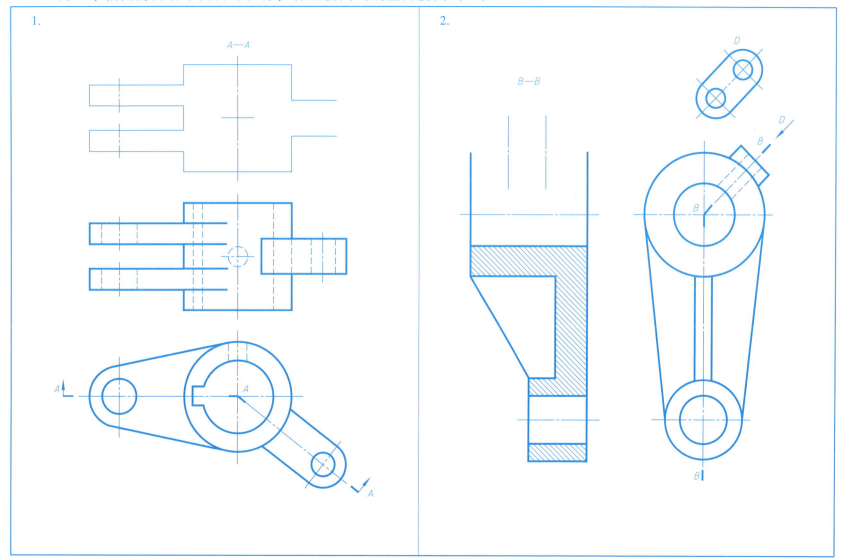

班级　　　　姓名　　　　学号

6.14 用几个相交的剖切平面剖开机件,将主视图画成全剖视图(二)

1.

2.

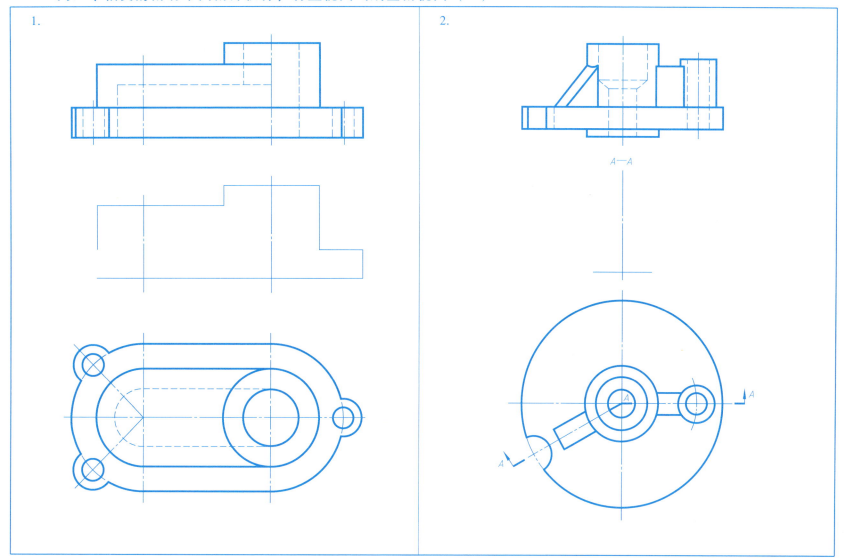

6.15 选择正确的主视图

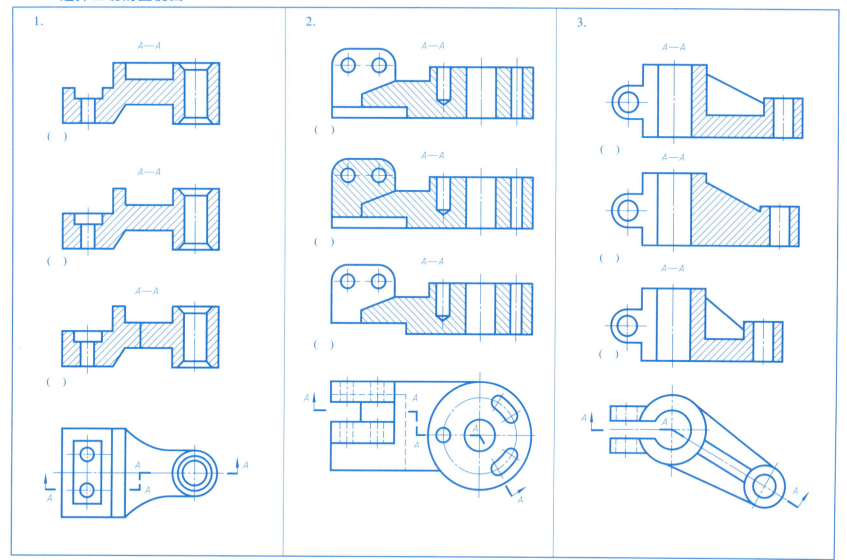

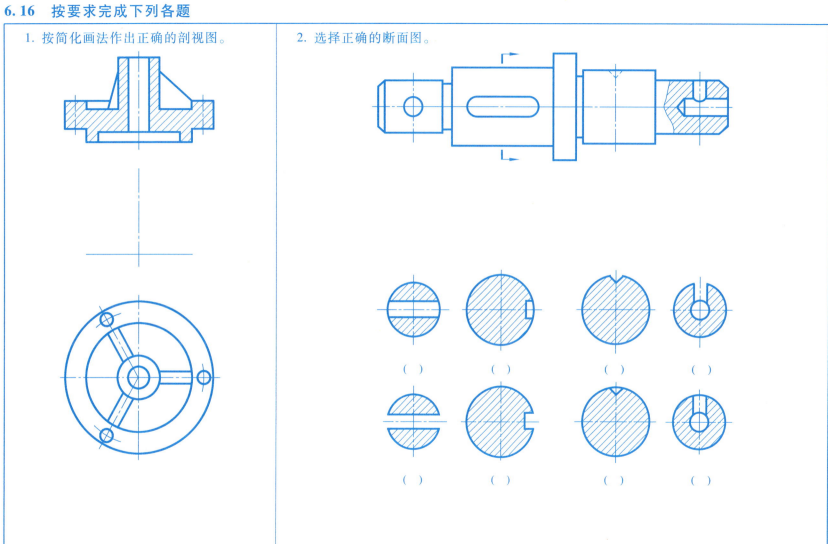

6.17 断面图

1. 画出轴的三个移出断面图（键槽深 3.5mm）。

2. 在指定位置画出重合断面图。

3. 在指定位置画出移出断面图。

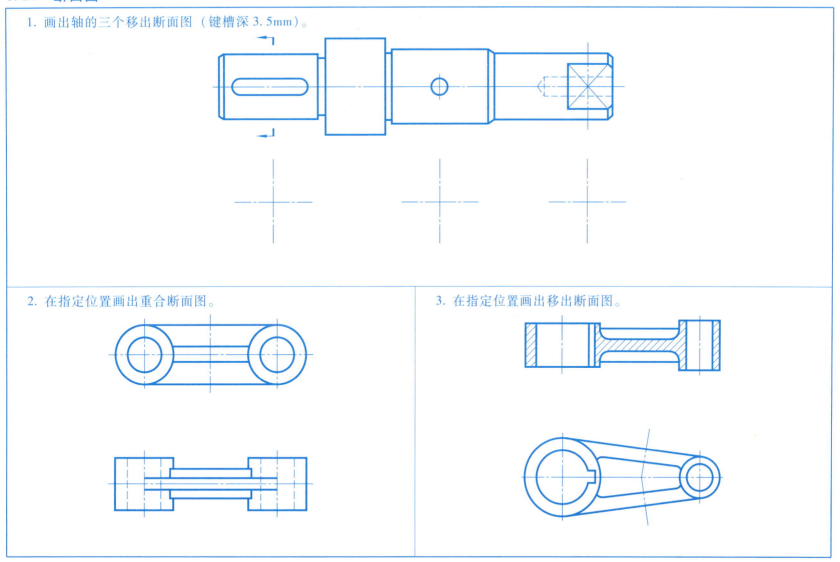

6.18 在指定的位置画出正确的剖视图

1.

2.

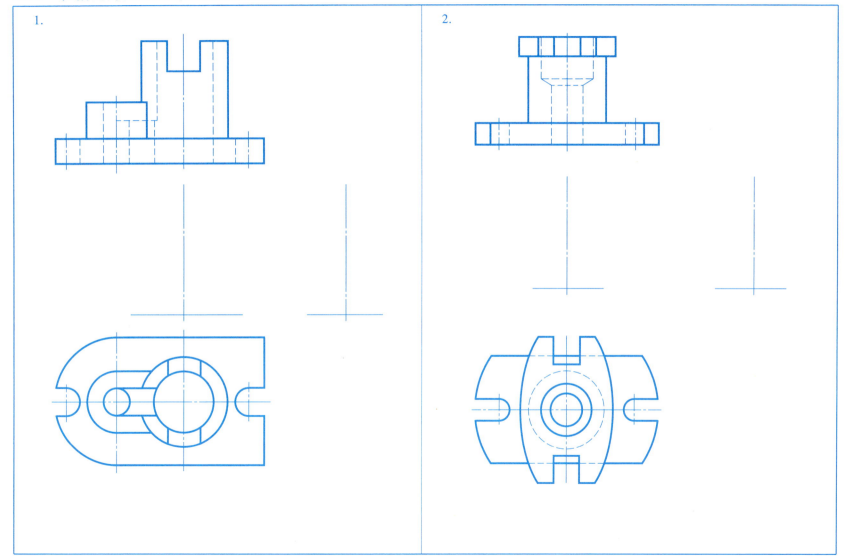

6.19 选择适当的表达方法表达机件，并标注尺寸

1.

2.

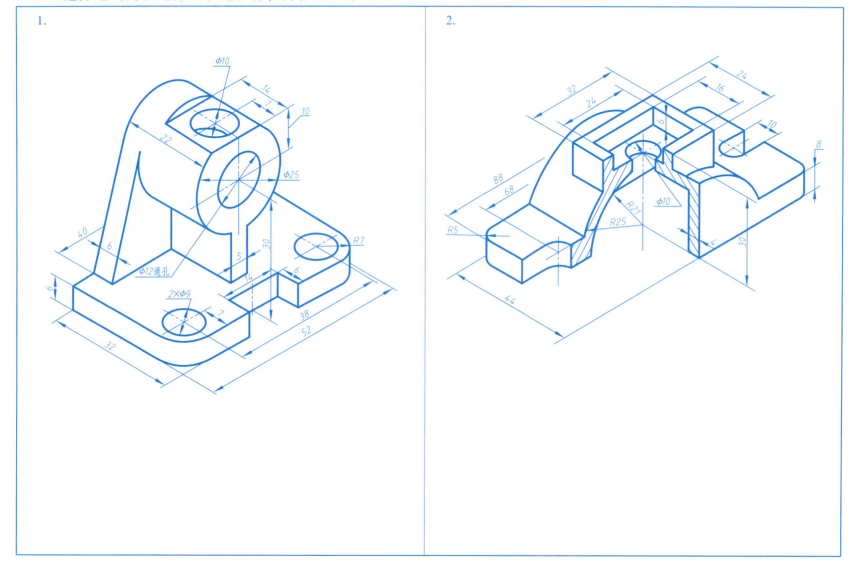

6.20 参照轴测图，按第三角画法补画第三视图

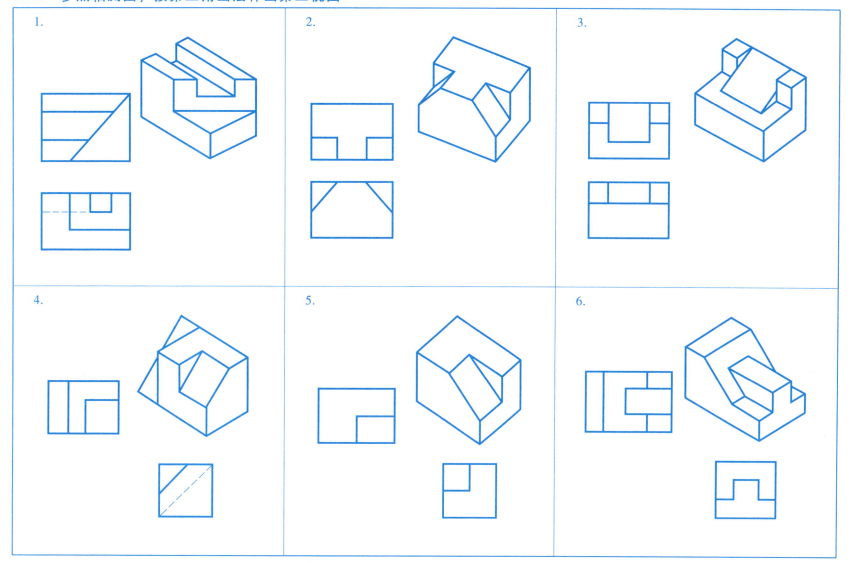

项目七 常用机件特殊表示法的应用

7.1 分析螺纹和螺纹联接画法的错误，在指定位置画出正确的图形

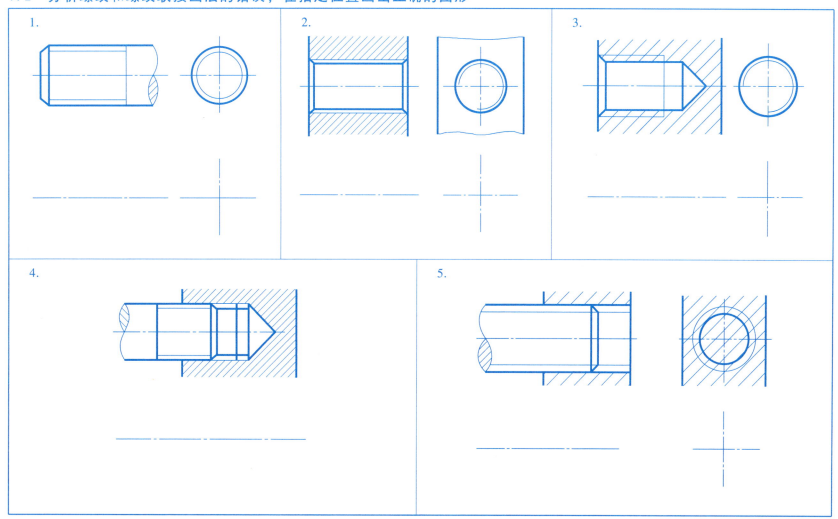

7.2 根据给定的螺纹要素，在图中标注螺纹的尺寸

1. 普通螺纹：$d = 20$mm，右旋，中径、顶径公差带代号 6h，中等旋合长度。

2. 普通螺纹：$D = 18$mm，$P = 1.5$mm，左旋，中径、顶径公差带代号 7H，长旋合长度。

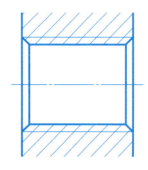

3. 梯形螺纹：$d = 20$mm，$Ph = 14$mm，双线，左旋，中径公差带代号 8e，中等旋合长度。

4. 55°非密封管螺纹：尺寸代号 3/4，左旋，公差等级 A。

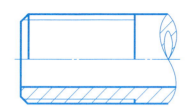

5. 55°密封圆锥管螺纹：尺寸代号 1/2，右旋。

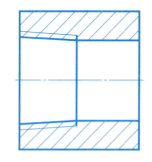

6. 锯齿形螺纹：$D = 38$mm，$P = 5$mm，左旋，中径公差带代号 7H，单线，中等旋合长度。

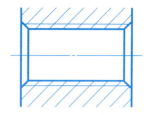

7.3 分析螺栓联接和螺柱联接图中的错误，在指定位置画出正确的图形

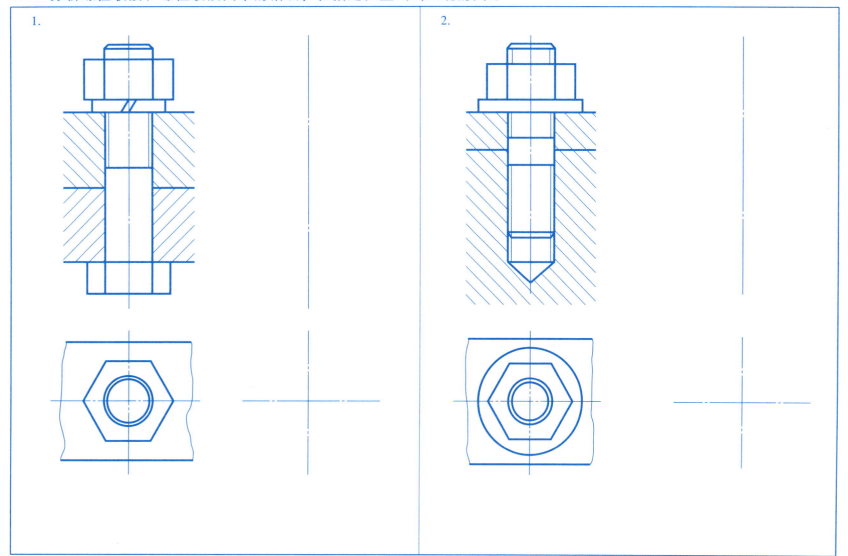

7.4 分析螺钉联接和管螺纹联接图中的错误，在指定位置画出正确的图形

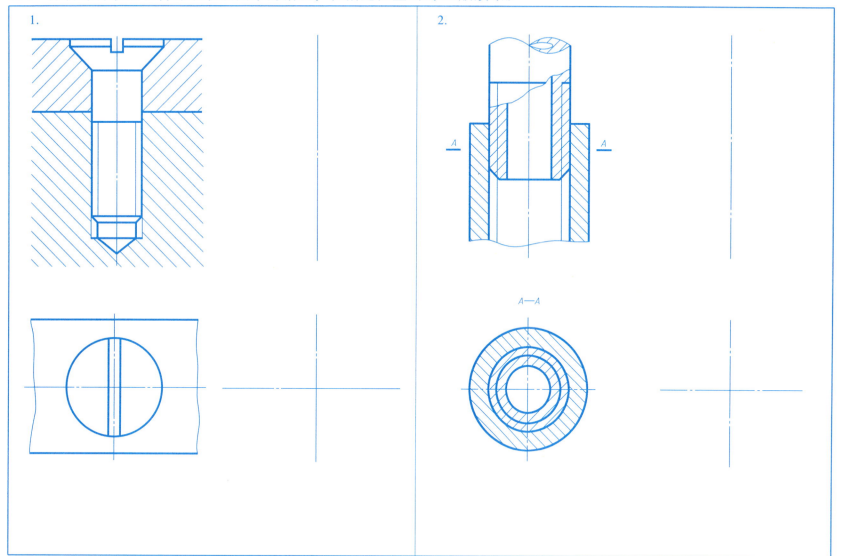

7.5 螺栓联接

已知：$d=12$mm，被联接件厚度 $\delta_1=15$mm，$\delta_2=20$mm，平垫圈。用简化画法完成螺栓联接的主、俯、左视图（比例 1：1）。

规定标记：螺栓＿＿＿＿＿＿＿＿＿＿；螺母＿＿＿＿＿＿＿＿＿＿；垫圈＿＿＿＿＿＿＿＿＿＿。

7.6 齿轮

已知直齿圆柱齿轮 $m=5\text{mm}$、$z=40$，计算齿轮的分度圆、齿顶圆和齿根圆的直径。用比例 1∶2 完成下列两视图，并标注尺寸（倒角 $C2$）。

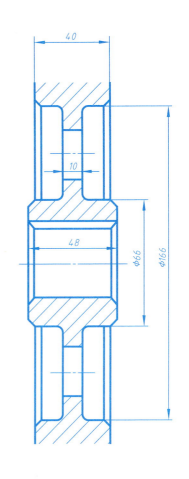
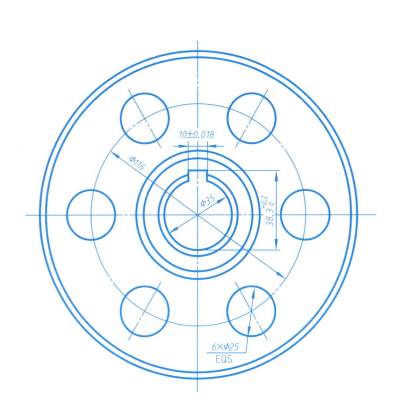

7.7 画齿轮啮合图

已知大齿轮 $m=4$mm、$z=38$，两齿轮的中心距 $a=110$mm，计算大小两齿轮的分度圆、齿顶圆和齿根圆的直径。用比例 1∶2 完成直齿圆柱齿轮的啮合图。

计算
(1) 大齿轮

　　分度圆 $d_1 =$

　　齿顶圆 $d_{a1} =$

　　齿根圆 $d_{f1} =$

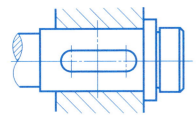

(2) 小齿轮

　　分度圆 $d_2 =$

　　齿顶圆 $d_{a2} =$

　　齿根圆 $d_{f2} =$

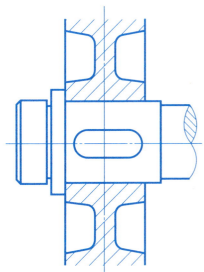

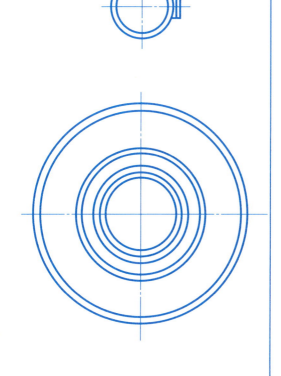

7.8 键联结

已知齿轮和轴用 A 型普通平键联结，轴、孔直径为 φ20mm，键的长度为 18mm。

（1）写出键的规定标记＿＿＿＿＿＿＿＿＿＿＿＿＿＿＿＿＿。
（2）查表确定键和键槽的尺寸，完成轴和齿轮的图形，并标注轴、孔及键槽的尺寸。
（3）用键将轴和齿轮联结起来，完成其联结图。

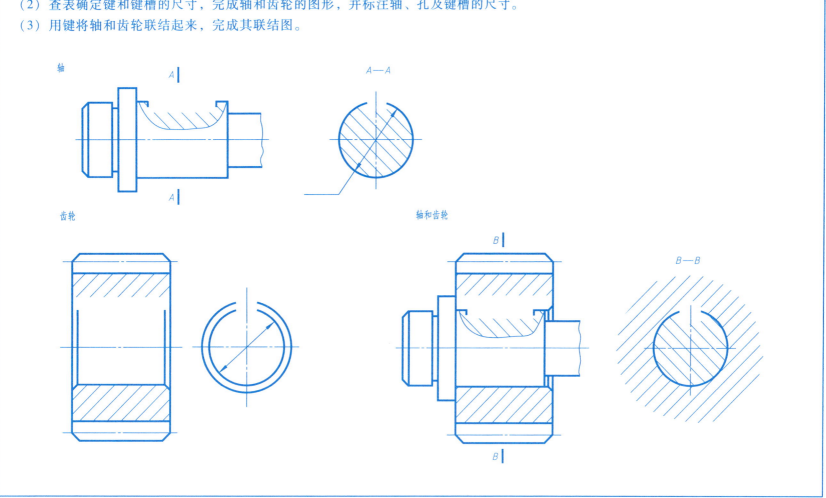

7.9 弹簧

已知圆柱螺旋压缩弹簧的簧丝直径 $d=5$mm，弹簧中径 $D=45$mm，节距 $t=10$mm，自由高度 $H_0=130$mm，有效圈数 $n=7.5$，支承圈数 $n_2=2.5$，右旋。用比例 1:1 画出弹簧的全剖视图。

项目八　零件图的识读与绘制

8.1 根据轴测图，确定表达方案（不标尺寸）

1.

2.

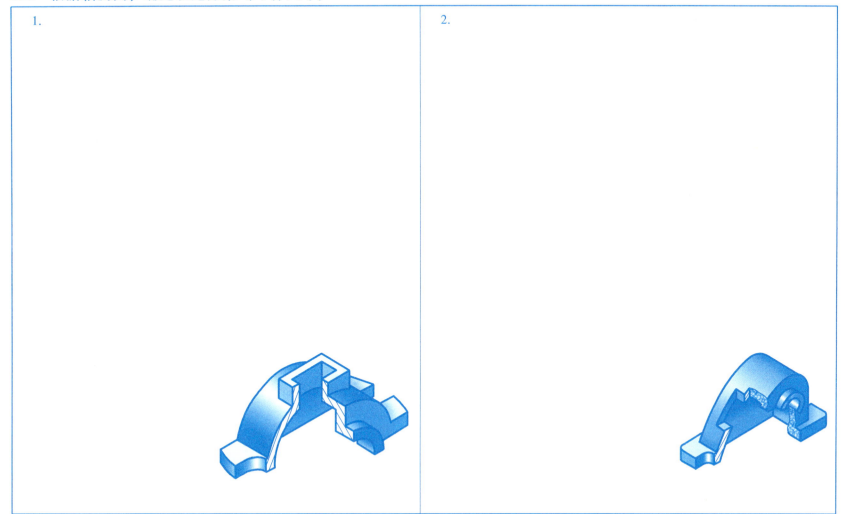

8.2 极限与配合（一）

1. 根据图中的标注，填写右表。

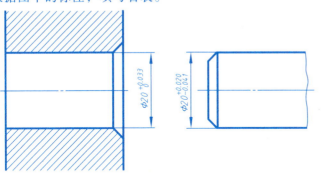

名称	孔/mm	轴/mm
公称尺寸		
上极限尺寸		
下极限尺寸		
上极限偏差		
下极限偏差		
公差		

2. 根据配合代号及孔和轴的上、下极限偏差，判断配合制和配合类别，并找出其公差带图。

① $\phi 30 \dfrac{H9}{d9}$

$\phi 30 H9 \left(^{+0.052}_{\ \ \ 0} \right)$

$\phi 30 d9 \left(^{-0.065}_{-0.117} \right)$

____制____配合

② $\phi 30 \dfrac{G7}{h6}$

$\phi 30 G7 \left(^{+0.028}_{+0.007} \right)$

$\phi 30 h6 \left(^{\ \ \ 0}_{-0.013} \right)$

____制____配合

③ $\phi 30 \dfrac{H7}{m6}$

$\phi 30 H7 \left(^{+0.021}_{\ \ \ 0} \right)$

$\phi 30 m6 \left(^{+0.021}_{-0.008} \right)$

____制____配合

④ $\phi 30 \dfrac{P7}{h6}$

$\phi 30 P7 \left(^{-0.014}_{-0.035} \right)$

$\phi 30 h6 \left(^{\ \ \ 0}_{-0.013} \right)$

____制____配合

⑤ $\phi 30 \dfrac{H7}{s6}$

$\phi 30 H7 \left(^{+0.021}_{\ \ \ 0} \right)$

$\phi 30 s6 \left(^{+0.048}_{+0.035} \right)$

____制____配合

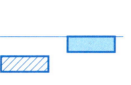

8.3 极限与配合（二）

1. 根据装配图中的配合代号，在零件图中标出公称尺寸及上、下极限偏差值。

2. 标注轴和孔的公称尺寸及上、下极限偏差值，并填空。
   （1）滚动轴承与座孔的配合为_____制。
   （2）滚动轴承与轴的配合为_____制。
   （3）座孔的基本偏差代号为_____，公差等级为_____级。
   （4）轴的基本偏差代号为_____，公差等级为_____级。

8.4 几何公差

1. 用文字解释图中的几何公差。

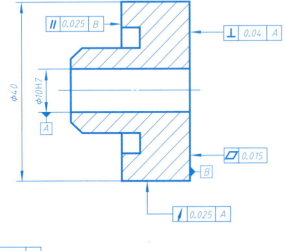

| ⊥ | 0.04 | A | _____ |

| ⌒ | 0.015 | | _____ |

| ∥ | 0.025 | B | _____ |

| ↗ | 0.025 | A | _____ |

2. 将用文字说明的几何公差改用框格标注在图中。

（1） φ25k6 轴线对 φ20k6 和 φ15k6 轴线的同轴度公差值为 φ0.025mm。
（2） A 面对 φ25k6 轴线的垂直度公差值为 0.05 mm。
（3） B 面对 φ20k6 轴线的轴向圆跳动公差值为 0.05 mm。
（4） 键槽对 φ25k6 轴线的对称度公差值为 0.01 mm。

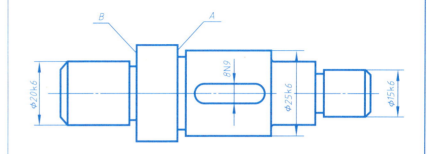

8.5 表面结构

1. 分析图中表面结构标注的错误，在下图中正确标注。

2. 根据给定的表面结构要求，用代号标注在图中。

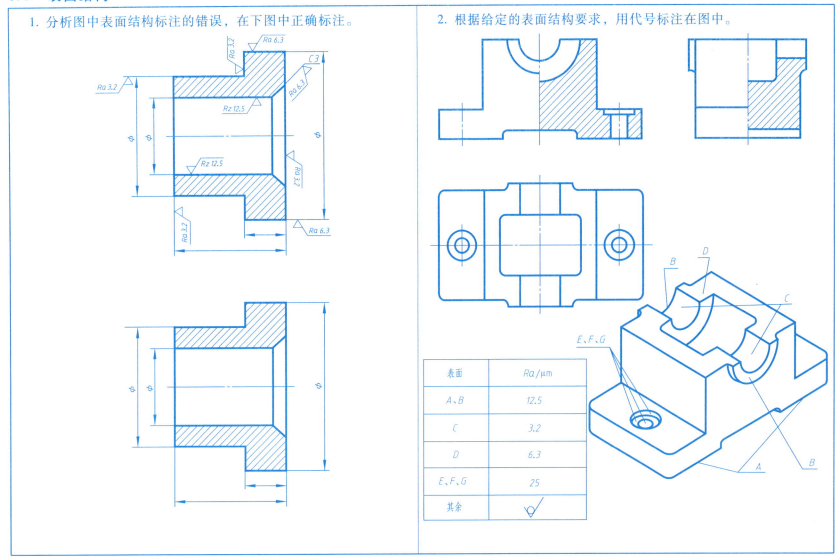

8.6 标注零件尺寸

指出长、宽、高三个方向的主要尺寸基准，并标注尺寸（数值从图中量取，比例1∶1）。

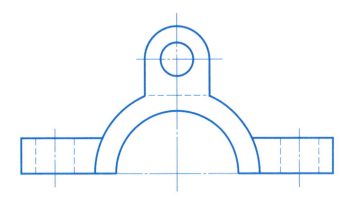
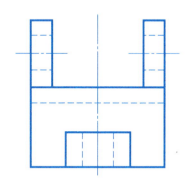
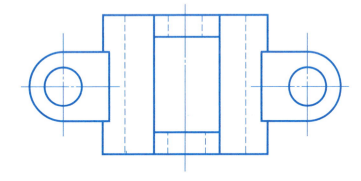

班级　　　姓名　　　学号

8.7 读零件图（一）——偏心轴

读懂偏心轴零件图：(1) 画出 C 向视图；(2) 完成 8.8 附页中的（一）。

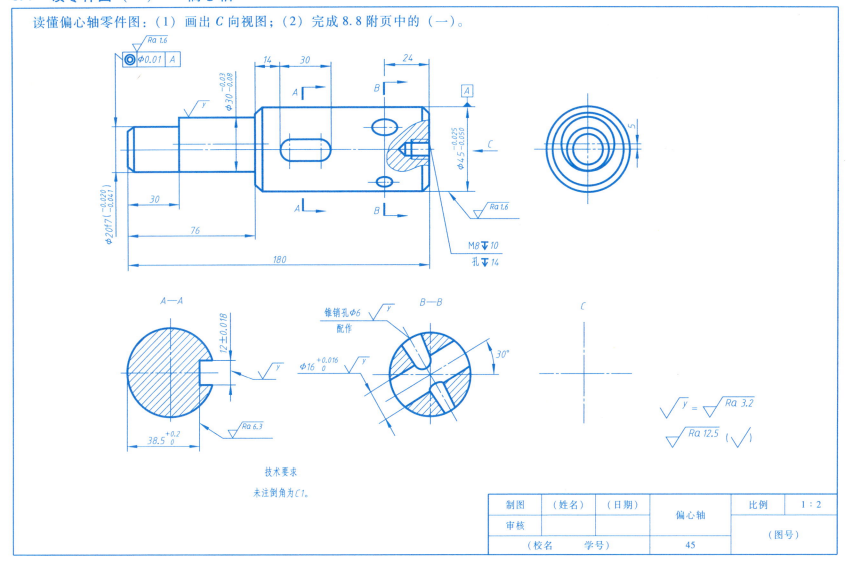

8.8 附页

(一) 偏心轴

1. 偏心轴零件图中四个图形的名称分别为_____、_____、_____和_____。

2. 组成偏心轴的基本形体是____个____体，它们的定形尺寸是_____。

3. 偏心轴右段 A—A 位置，在____方开了一个键槽，键槽长度是____，槽宽是____，槽深是____，其定位尺寸是_____。

4. 偏心轴左段 $\phi 20f7$ ($^{-0.020}_{-0.041}$)，其公称尺寸是_____，f7 表示_____代号，-0.020 是_____，-0.041 是_____，其上极限尺寸是_____，下极限尺寸是_____，公差是_____。

5. $\phi 16^{+0.016}_{0}$ 孔的定位尺寸是_____。

6. $\phi 30^{-0.03}_{-0.08}$ 圆柱体与主轴线的偏心距是____。

(二) 套筒

1. 指出径向与轴向主要尺寸基准。

2. 套筒左端两条虚线之间的距离为_____。图中标有①处的直径是_____，标有②处的线框的定形尺寸为_____，定位尺寸为_____。

3. 图中标有③处的曲线是由_____和_____相交而形成的_____。

4. 局部放大图中④处所示位置的表面结构要求为_____。

5. 外圆面 $\phi 132 \pm 0.2$ 最大可加工成_____，最小为_____，公差为_____。

6. 说明 ⌾ | $\phi 0.04$ | A 的含义_____。

班级　　　　姓名　　　　学号

8.9 读零件图（二）——套筒

读懂套筒零件图：(1) 在指定位置补画断面图和左视图；(2) 完成 8.8 附页中的（二）。

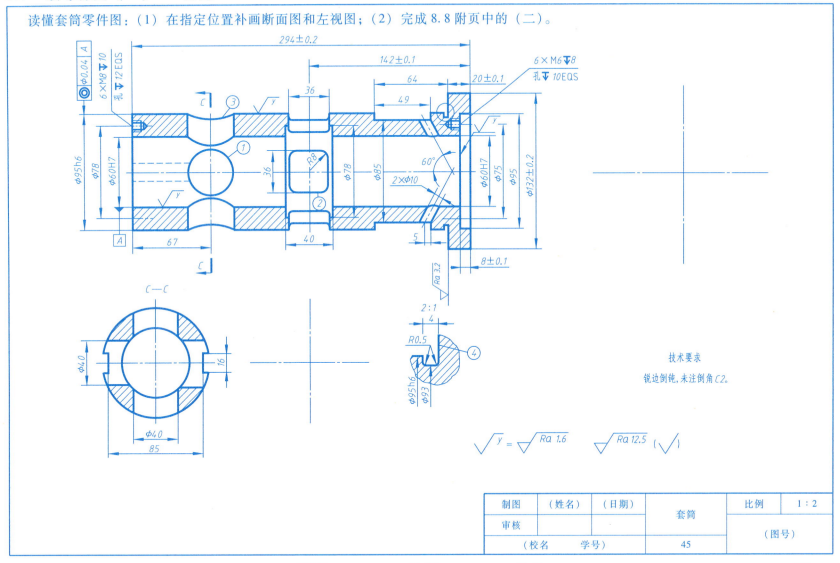

8.10 读零件图（三）——端盖

读懂端盖零件图：补画右视图。

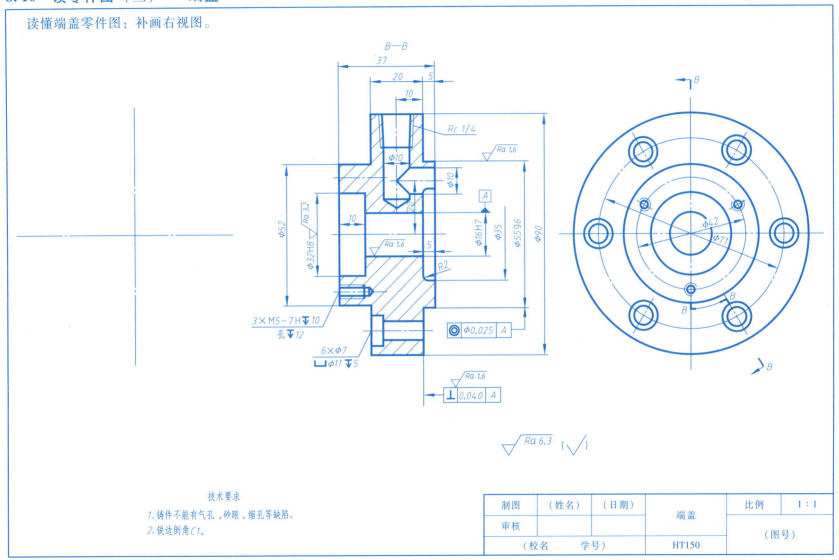

8.11 读零件图（四）——底座

读懂底座零件图：在指定位置画出半剖视图。

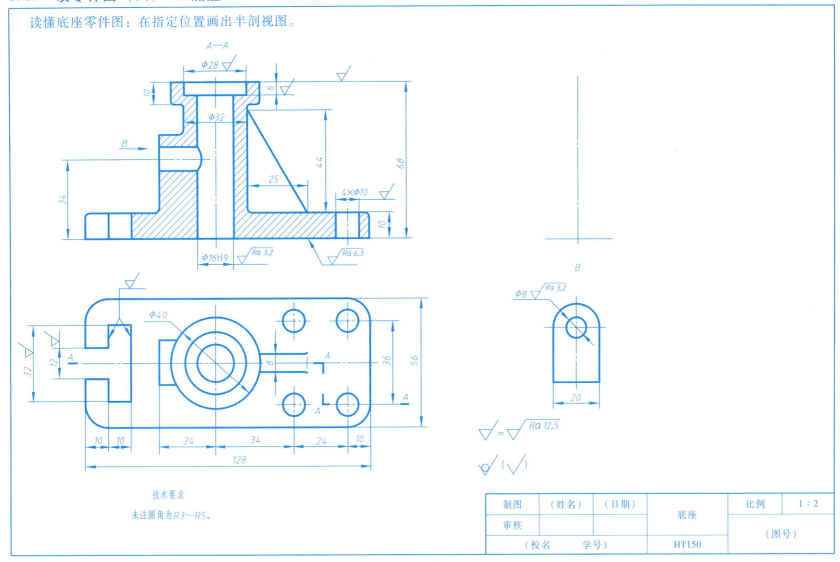

8.12 读零件图（五）——缸体

读懂缸体零件图：（1）指出长、宽、高三个方向的主要尺寸基准；（2）画出左视图。

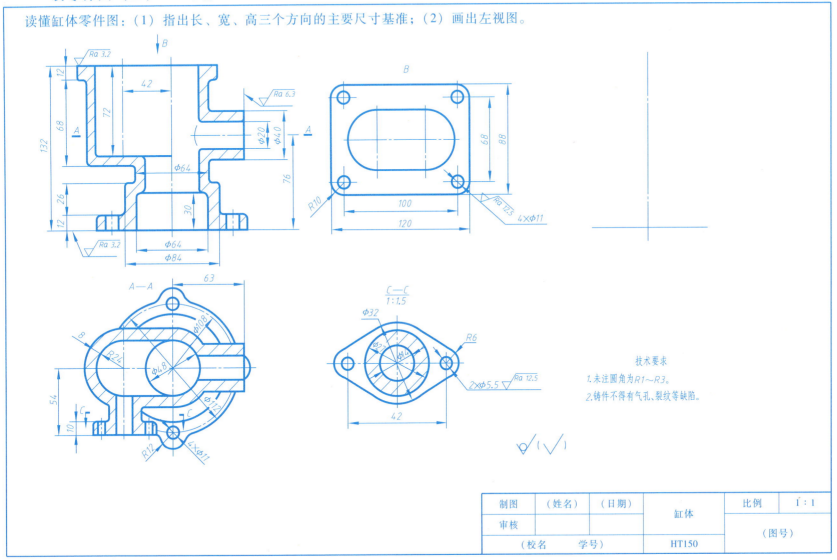

技术要求
1. 未注圆角为R1～R3。
2. 铸件不得有气孔、裂纹等缺陷。

8.13 读零件图（六）——托架

读懂托架零件图：（1）指出长、宽、高三个方向的主要尺寸基准；（2）画出左视图。

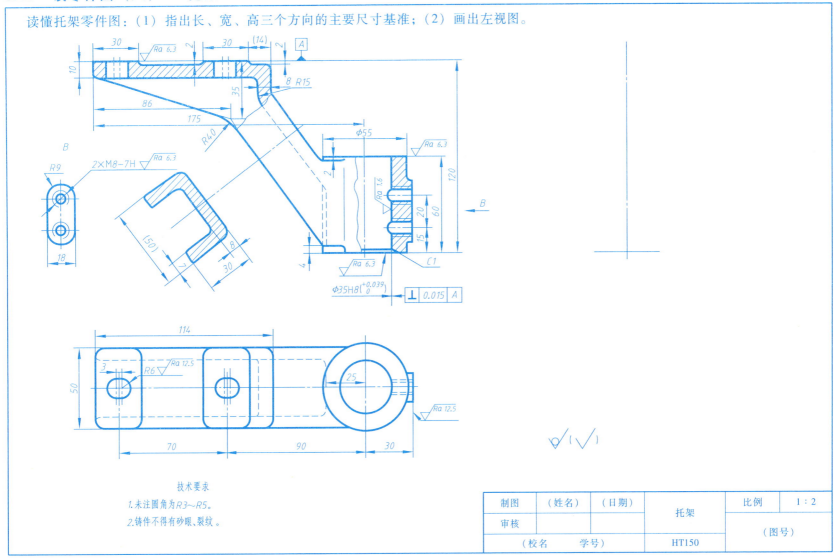

8.14 绘制零件图

图名：阀体；图幅：A3；比例：1∶1；材料：HT150；未注圆角 $R2\sim R3$。

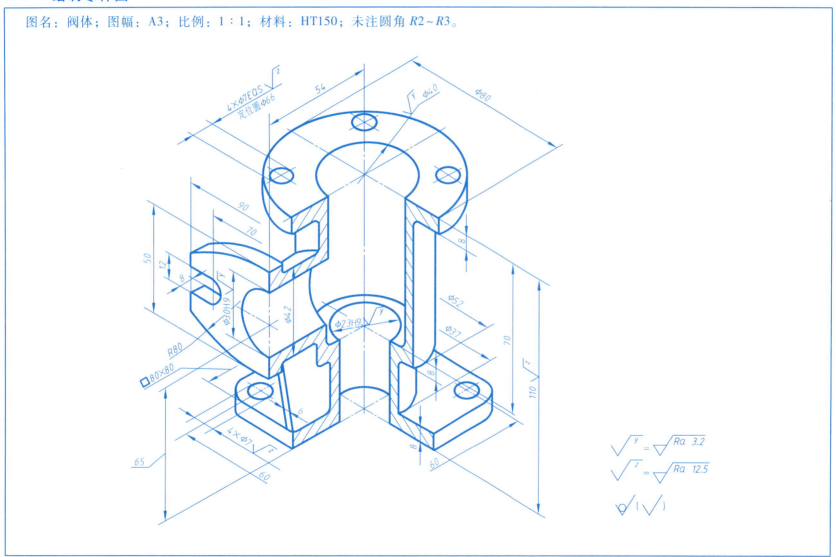

项目九 装配图的识读与绘制

9.1 根据千斤顶的装配示意图和零件图绘制装配图

一、目的、内容与要求

掌握绘制装配图的方法与步骤。根据所绘制装配体的结构特点，选择视图表达方案，标注必要的尺寸，编写零件序号，填写标题栏、明细栏。

二、图名、图幅和比例

图名：千斤顶；

图幅：A3；

比例：1∶1。

三、工作原理

千斤顶是一种起重支承装置。使用时，转动旋转杆，螺杆通过底座中的螺纹上升而顶起重物。螺杆与底座由矩形螺纹传动，螺杆顶部穿入顶盖的孔中，由螺钉将顶盖固定在螺杆上。

四、作业提示

1. 参阅装配示意图，明确各零件之间的装配关系，看懂零件图。
2. 注意装配图中的规定画法。如剖面线的画法，剖视图中某些零件按不剖画法，允许简化或省略的各种画法等。
3. 技术要求：装配后上、下移动无卡阻现象。

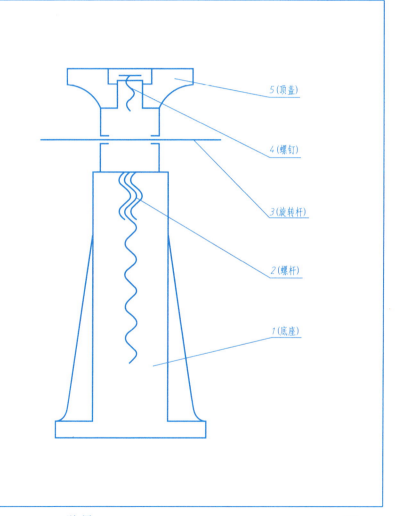

班级　　　姓名　　　学号

9.1 根据千斤顶的装配示意图和零件图绘制装配图（续）

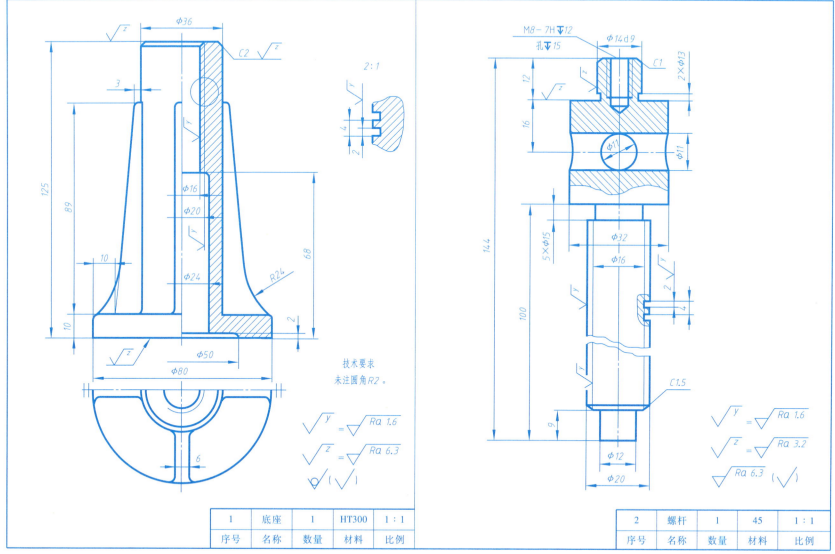

9.1 根据千斤顶的装配示意图和零件图绘制装配图（续）

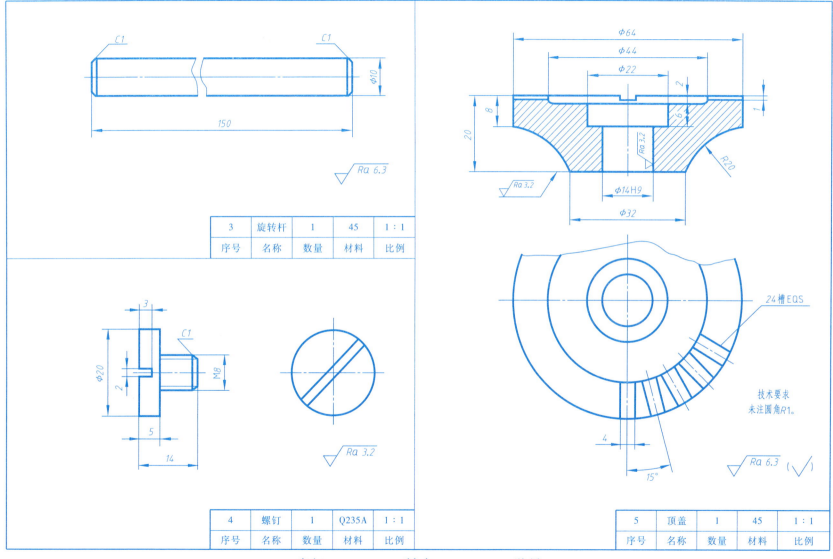

9.2 根据轴承架的装配示意图和零件图绘制装配图

一、目的、内容与要求

熟练掌握绘制装配图的方法与步骤。根据所绘制装配体的结构特点,选择视图表达方案,标注必要的尺寸,编写零件序号,填写标题栏、明细栏。

二、图名、图幅和比例

图名:轴承架;

图幅:A3;

比例:1∶1。

三、说明

轴 2 配以轴衬 3 后与轴架 1 装配。带轮 5 用键 6 联结于轴上,带轮的两侧衬有垫圈 4 和垫圈 8,并用螺母 7 紧固。

四、技术要求

1. 装配后,要求转动灵活。
2. 使用时,在件 1 与件 2、件 5 的接触面上滴机油。

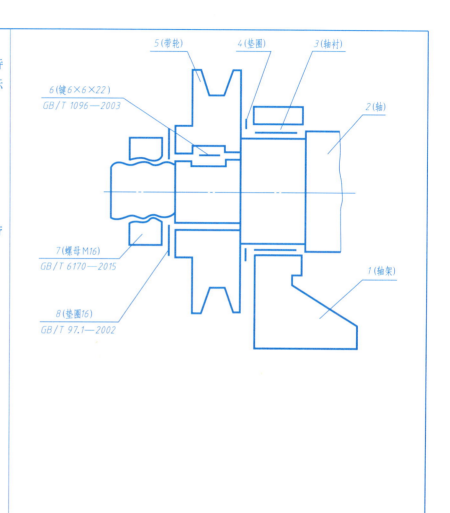

9.2 根据轴承架的装配示意图和零件图绘制装配图（续）

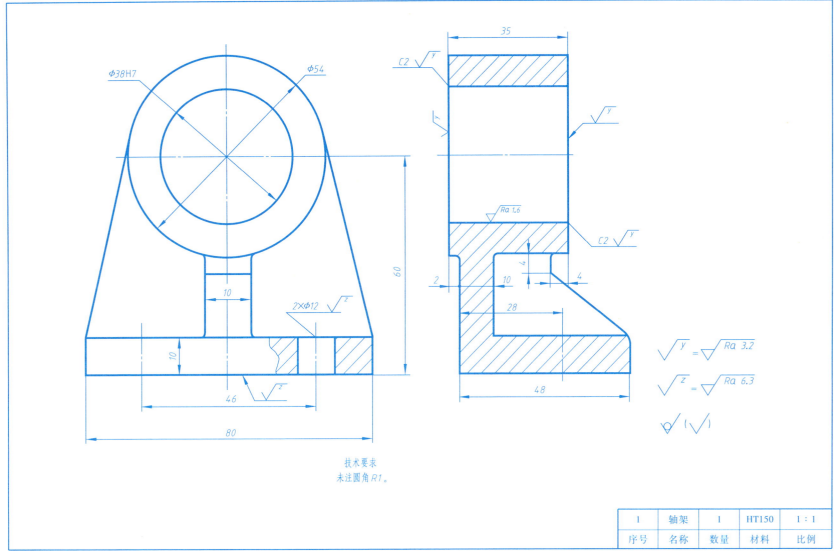

9.2 根据轴承架的装配示意图和零件图绘制装配图（续）

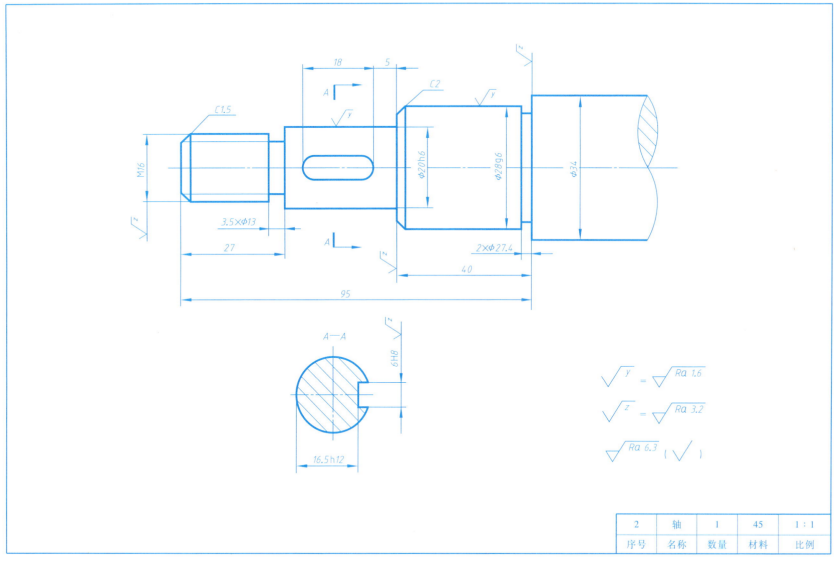

9.2 根据轴承架的装配示意图和零件图绘制装配图（续）

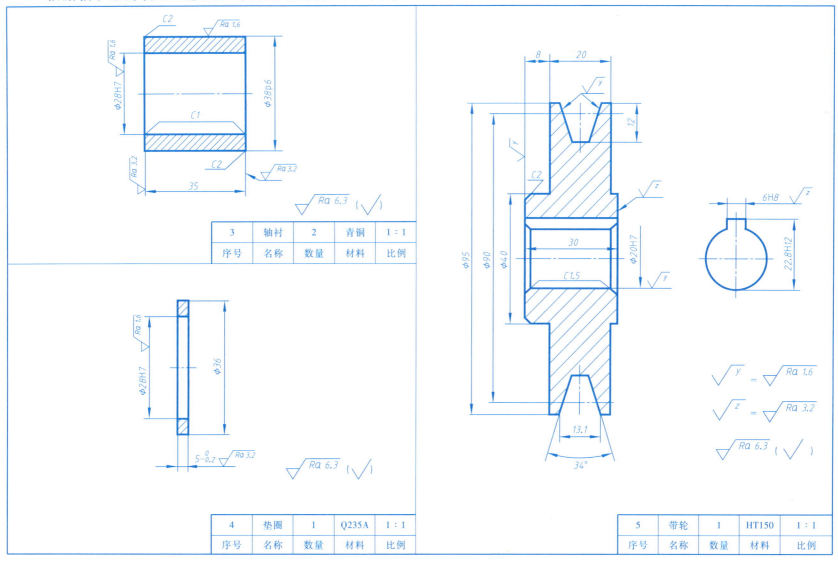

9.3 读拆卸器装配图

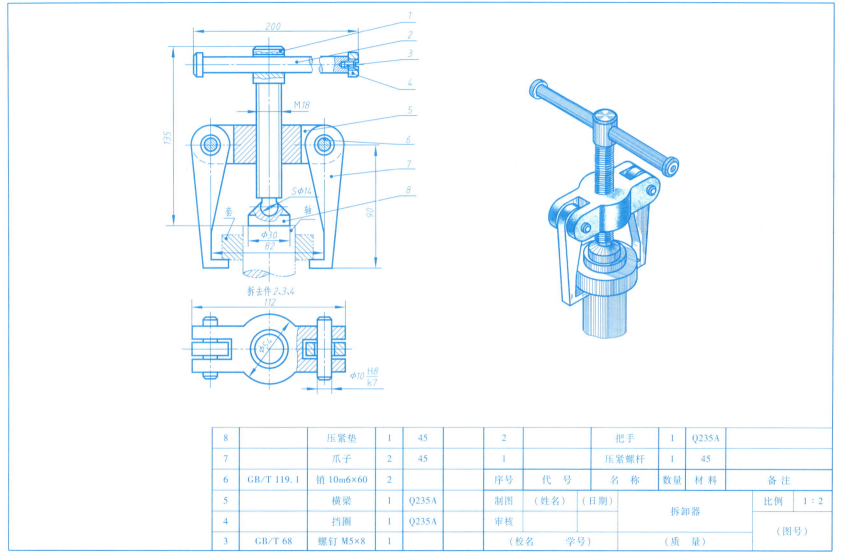

8		压紧垫	1	45		2		把手	1	Q235A	
7		爪子	2	45		1		压紧螺杆	1	45	
6	GB/T 119.1	销 10m6×60	2			序号	代号	名 称	数量	材料	备注
5		横梁	1	Q235A		制图	(姓名)	(日期)	拆卸器	比例	1:2
4		挡圈	1	Q235A		审核					
3	GB/T 68	螺钉 M5×8	1			(校名 学号)			(质 量)	(图号)	

班级　　　　姓名　　　　学号

9.3 读拆卸器装配图（续）

工作原理：

拆卸器是用来拆卸紧固在轴上的零件的。当顺时针转动把手时，使压紧螺杆转动，横梁沿螺杆上升。通过横梁两端的销轴，带动两个爪子上升，被爪子勾住的零件也一起上升，直到从轴上拆下。

回答下列问题：

1. 本装配图共用__个图形表达。主视图采用_____，为了节省图纸幅面，较长的把手采用了_____画法；俯视图采用____，并采用了_____画法。

2. 图中的双点画线表示_____和_____两个假想机件，采用了_____画法。

3. 件1下部形状为____形，其直径为____。

4. 件2和件4之间是用_____联接的。

5. $\phi10H8/k7$ 表示件_____和件_____之间____制_____配合，在零件图上标注这一尺寸时，孔的尺寸是_____，轴的尺寸是_____。

拆画件1压紧螺杆的零件图。

9.4 读旋阀装配图

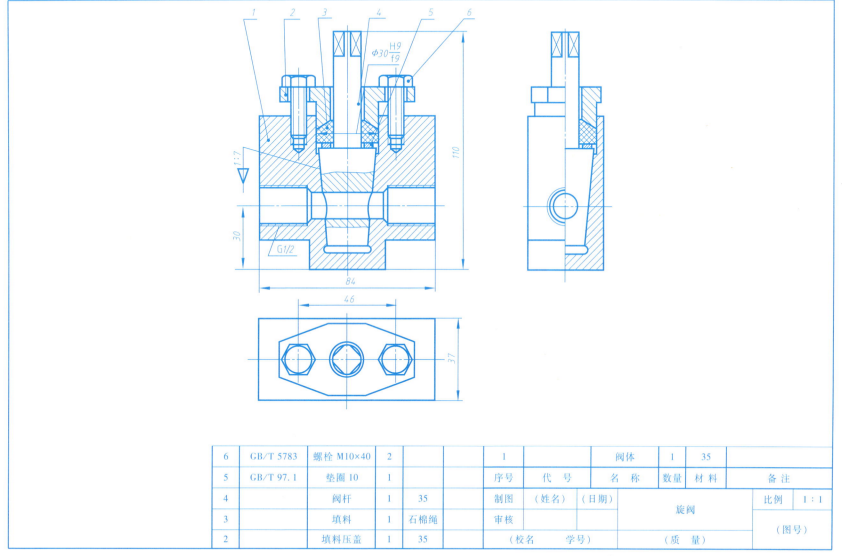

9.4 读旋阀装配图（续）

工作原理：旋阀通过螺纹直接联接在管道上，作为开、关装置，其特点是开、关迅速，并可控制液体流量。图中表示的为全部开启位置；当锥形阀杆旋转 90°后，则管道处于全关状态。为了防止泄漏，在锥形阀杆与阀体之间缠绕石棉绳，并用压盖压紧。

回答下列问题：

1. 该装配体共由____种零件组成，其中标准件有____种。
2. 阀体的材料是_____。
3. 本装配图共用_____个图形表达，主视图采用了_____、_____、_____表达方式。旋阀的外形尺寸为_____、_____、_____。
4. 要取下零件 5，拆卸顺序为_____。
5. 石棉绳的作用是_____。

拆画件 1 阀体的零件图。

9.5 读换向阀装配图

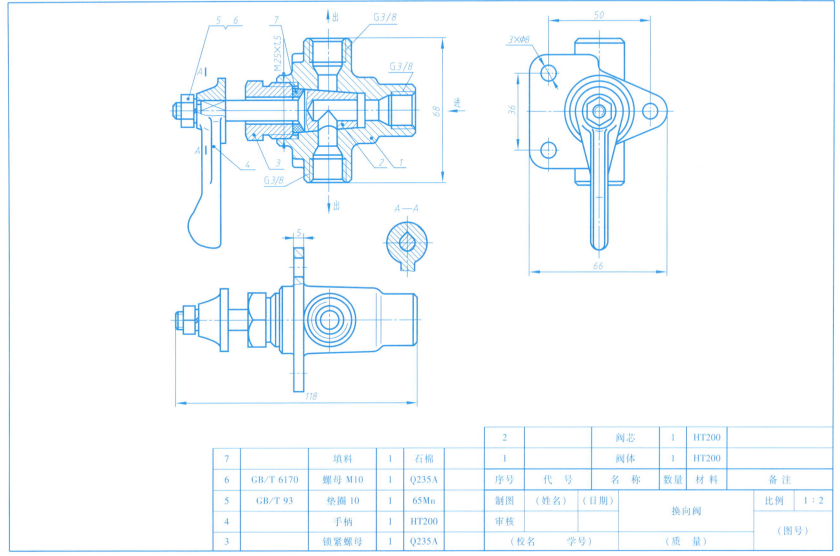

9.5 读换向阀装配图（续）

工作原理：

换向阀用于流体管路中控制流体的输出方向。在图示情况下，流体从右边进入，从下出口流出。转动手柄 4，使阀芯 2 旋转 180°后，下出口不通，流体从上出口流出。根据手柄转动角度大小，还可以调节出口处的流量。

回答下列问题：

1. 本装配图共用_____个图形表达，A—A 断面表示_____和_____之间的装配关系。
2. 换向阀由_____种零件组成，其中标准件有_____种。
3. 换向阀的规格尺寸为_____，图中标记 G3/8 的含义是：G 是_____代号，它表示_____螺纹，3/8 是_____代号。
4. 3×φ8 孔的作用是_____，其定位尺寸称为_____尺寸。
5. 锁紧螺母的作用是_____。

拆画件 2 阀芯的零件图。

9.6 读推杆阀装配图

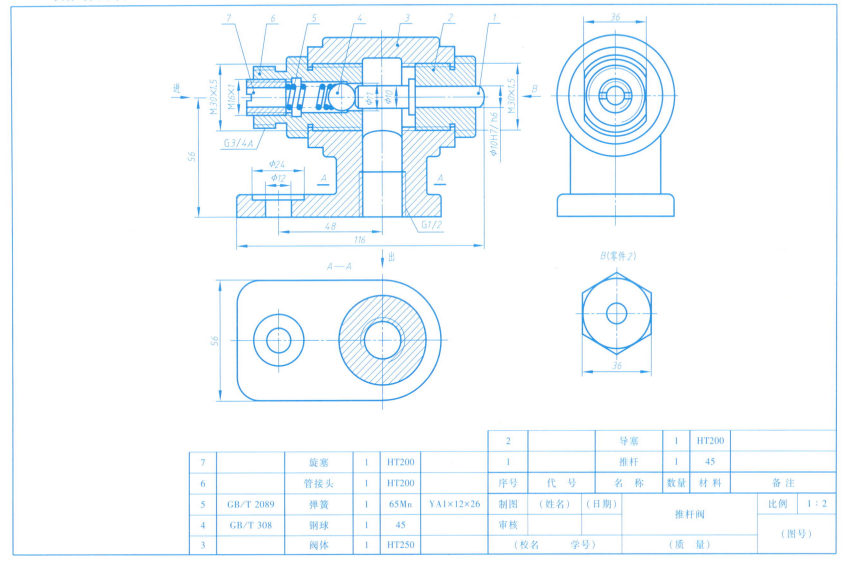

9.6 读推杆阀装配图（续）

工作原理：

推杆 1 在外力作用下向左移动时，推杆通过钢球 4 压缩弹簧 5，使钢球向左移动离开 $\phi11mm$ 孔，管路中的流体就可以从进口处经过 $\phi11mm$ 孔的通道流到出口处。当外力消失时，在弹簧作用下钢球向右移动，将 $\phi11mm$ 孔的通道堵上，这时流体就被阻挡住。

回答下列问题：

1. 本装配图共用__个图形表达，主视图采用_____，表达了_____；俯视图采用_____，表达了阀体 3 下部的断面形状及 $\phi12mm$ 孔的位置。

2. 左视图表达了_____的形状；_____视图单独表达了____的六棱柱结构。

3. 阀体上部右侧制有螺孔，联接_____，支承和容纳_____；上部左侧也制有螺孔，联接_____，支承和容纳_____。

4. 推杆阀的性能规格尺寸为_____，装配尺寸有_____。

5. $\phi10H7/h6$ 表示件____与件____之间的_____配合。

6. 旋塞 7 的作用是_____。

7. 明细栏中，HT200 表示_____，45 表示_____。

拆画件 3 阀体的零件图。

参 考 文 献

[1] 宋巧莲. 机械制图与 AutoCAD 绘图习题集 [M]. 北京：机械工业出版社，2017.
[2] 钱可强. 机械制图习题集 [M]. 7 版. 北京：高等教育出版社，2015.
[3] 金大鹰. 机械制图习题集（多学时）[M]. 10 版. 北京：机械工业出版社，2020.